书是国家自然科学基金项目"干扰抑制差异的心理与脑机制"

认知中的行为抑制

宋永宁 ◇ 著

中国出版集团

世界图书出版公司

广州·上海·西安·北京

图书在版编目（CIP）数据

认知中的行为抑制 / 宋永宁著 .—广州 : 世界图
书出版广东有限公司 , 2016.8（2025.1重印）
ISBN 978-7-5192-1509-5

Ⅰ . ①认… Ⅱ . ①宋… Ⅲ . ①抑制（心理）—研究
Ⅳ . ① B845.1

中国版本图书馆 CIP 数据核字（2016）第 142970 号

认知中的行为抑制

责任编辑	张梦婕
封面设计	楚芊沅
出版发行	世界图书出版广东有限公司
地　　址	广州市新港西路大江冲25号
印　　刷	悦读天下（山东）印务有限公司
规　　格	787mm×1092mm　1/16
印　　张	12
字　　数	172 千字
版　　次	2016 年 8 月第 1 版　　2025 年 1 月第 4 次印刷

ISBN 978-7-5192-1509-5/B · 0141

定　　价　　58.00 元

《中国当代心理科学文库》
编委会

（按姓氏笔画排序）

前言

　　行为抑制（behavioral inhibition）是个体执行功能的一部分，是一项重要的认知能力。近年来，行为抑制已成为心理学研究的一个新热点。许多研究表明行为抑制能力存在很大的个体差异，注意缺陷多动障碍、强迫症、精神分裂症、阅读障碍以及学习障碍患者的诸多症状均与行为抑制功能缺陷有关，行为抑制能力的衰退也是个体认知能力衰老的一个重要指标。《认知中的行为抑制》这本书全面总结了前人以及作者本人在此领域的研究成果，系统地介绍了行为抑制研究的体系。全书的内容分为十章共三个部分：行为抑制的基本理论、行为抑制的病理学研究、行为抑制的毕生发展、训练与展望。本书的成果可以为未来的研究提供参考，本书也可以作为教学参考书。限于本人的学识，本书定有诸多不足之处，希望大家批评指正。

目 录

第一部分　行为抑制的基本理论

第二部分　行为抑制的病理学研究

第三部分　行为抑制的毕生发展、训练与展望

第一部分 行为抑制的基本理论

第一章　行为抑制简介

在心理学发展的早期，关于抑制（inhibition）的概念就很流行（e.g., Breese，1899；Pillsbury，1908；Wundt，1902）。Wundt 曾经说过，当我们对众多刺激中的某个刺激进行注意时，就必须对其他刺激进行抑制。但是，在行为主义盛行的时期，甚至在认知心理学产生的早期，"抑制"这个概念基本上从心理学的书籍中消失了。在 20 世纪 40—50 年代，这个概念重新被人们在心理学中所使用，并且被冠名为干扰压抑（distractor suppresision）。

关于认知中的抑制有众多概念，如行为抑制（behavioral inhibition）、抑制控制（inhibition control）、反应抑制（response inhibiton）、注意控制（attention control）和认知控制（cognitive control）等。虽然这些概念侧重点各有不同，但它们反映的都是认知功能中的控制能力。因此，本书将不对上述概念作一一区分，而重点从行为的角度探讨认知中的抑制。

行为抑制是一项重要的认知功能，它主要指的是阻止、压抑无关信息或行为，以消除或减少其对当前信息加工产生影响的能力。从认知心理学到社会心理学，行为抑制反映在个体心理生活的方方面面，如 Kagan，Reznick 和

Snidman（1988）定义了社交中的抑制行为和非抑制行为。在 Kagan 等人看来，那些比较外向的儿童有更多的非抑制行为（uninhibited behavior），即当进入一个包含陌生人的社会情景时，外向的儿童会比较健谈，好交际，并且有更多的情绪卷入；与此相反，那些害羞的儿童则会表现出更多的抑制行为（inhibited behavior），如依恋、安静、胆怯以及退缩等。Caspi 和 Silva（1995）将个体性情分为不受限的行为反应与自信的社会行为两个维度。他们发现，在 3 岁的儿童身上就已经可以观察到这两个维度，并且这两个维度可以预测儿童成年之后完全不同的个性特点。

根据 Barkley（1997）的观点，行为抑制主要包括三个相互关联的成分，即优势反应的抑制（inhibit prepotent response）、反应停止（stop an ongoing response）以及干扰控制（interference control）。优势反应的抑制指的是抑制被立刻强化过（不论积极的还是消极的）或者是被练习过的反应；反应停止指的是延迟或停止正在进行的不需要的或不适当的行为；干扰控制指的是抵制来自竞争性事件干扰的能力（resisting distraction or disruption by competing events）。行为抑制是我们所观察到的许多行为的关键机制。它参与了众多的认知过程，如行为、语言、语义记忆、感知、反应、思维以及工作记忆等。第二节将对行为抑制与个体高级心理机能的关系进行介绍。

第二节 行为抑制与高级心理机能

一、行为抑制与执行功能

在心理学中，执行功能是一个综合性的术语，它包含着其他众多认知过程（Chan, Shum, Toulopoulou, & Chen, 2008）。执行功能的主要功能是精细地控制行为序列以达成一定目标（e.g., Welsh & Pennington 1988; Willcutt, Doyle, Nigg, Faraone, & Pennington, 2005）。有研究者把执行功能主要分为四个子过程，即计划性、工作记忆、认知灵活性和行为抑制（Welsh，Pennington, & Groisser, 1991；Robbins, 1996；Ozonoff, 1997；Hughes, 1998；Miyake et al., 2000）。因此，行为抑制是个体执行功能（Executive function, EF）的重要组成部分，个体行为抑制往往都是跟个体的执行功能一起进行讨论的。

二、行为抑制与工作记忆

行为抑制与工作记忆有重要的联系。工作记忆是一个容量有限的系统，主要负责在各种复杂认知活动中对信息的暂时存储和处理（Jarrold, Tam, Baddeley, & Harvey, 2011）。Rafal 和 Henik（1994）以及 Hasher 和 Zacks（1988）描述了三个与工作记忆密切相关的成分：（1）控制特定的信息进入工作记忆；（2）控制没有进入工作记忆的信息；（3）在执行过程中阻止那些相关但是错误的反应。Hasher 等人（1988，1999）提出的抑制衰退理论首次把行为抑制与工作记忆联系在一起，他们认为抑制能力的衰退会导致更多的无关信息进入工作记忆并影响当前信息的加工，而工作记忆能力的衰退又导致其他认知功能受损害。

Jarrold 等人（2011）的理论区分了通达（access）、删除（deletion）和压抑（restraint）三种与工作记忆有关的行为抑制能力。通达负责允许有关的信息进入工作记忆，同时阻止无关信息进入工作记忆中；删除负责排除已经进入工作记忆的无关信息或之前与加工目标有关但现在无关的信息；压抑则负责抑制工作记忆内不适宜的占优势的思维或反应。Hasher 等人（1998）认为抑制研究中经常使用的优势反应的抑制属于压抑的一种。Harnishfeger（1995）和 Nigg（2000）认为行为抑制主要涉及对干扰工作记忆内信息加工的刺激进行压抑。

然而，围绕着"究竟是工作记忆影响了行为抑制还是行为抑制影响了工作记忆"这一问题一直存在争论。如 Bjorklund 和 Harnishfeger（1990）认为，由于有些个体的抑制能力较差，导致许多无关信息进入了工作记忆，然而工作的记忆的资源是有限的，无关信息占用了很多工作记忆的资源，从而导致工作记忆的降低。然而，Redick 和他的同事及 Hasher 等人（1999）认为并不是行为抑制能力影响了工作记忆容量，而是工作记忆的容量影响了个体行为抑制的效率。在他们看来，工作记忆容量的个体差异反映的是个体执行控制资源的差异，而这种执行控制资源的差异对排除与当前加工无关的信息和行为的抑制过程产生了制约，因此工作记忆的容量影响了个体行为抑制的效率（Redick，Heitz，& Engle，2007）。

三、行为抑制与阅读理解

成功的阅读者和失败的阅读者之间存在区别的原因究竟何在呢？近年来相关研究得到的一个重要结论认为行为抑制是一项影响阅读成绩的重要能力。一般认为，阅读理解包含三个层次，分别是词汇、句子和语篇，在不同的层次都需要抑制机制的参与。Hasher 和 Zacks（1988）提出的抑制衰退理论将抑制与工作记忆以及阅读理解联系起来，认为抑制能力的衰退会使得个体在阅读的时候无法有效地抑制来自语篇和外部环境的无关信息，从而降低阅读者在该阅读任务上的表现。在 Hasher 等人（1998）的阅读理解研究中，经常使用到的实验范式是干扰阅读任务。干扰阅读任务通常是让被试阅读一篇插入了干扰词汇或短句的短文，干扰词汇或短句的意义可能与正文有关，也有可能无关。一般干扰词汇或短句的呈现字体和语段正文的字体不一致。在读的过程中被试被要求忽视干扰词汇，同时尽量记住短文的意思。读完短文后被试被要求完成一些与短文相关的问题或者进行内隐测验等。另外也有研究者采取干扰词汇或句子的呈现字体和语段正文保持一致的做法，借以测量被试的删除能力。

四、行为抑制与智力

行为抑制能力与智力之间有着密切的关系。有研究发现，Stroop 干扰与智商之间存在负相关。虽然，相关系数在成人中比较弱，但是在学龄儿童中相关是很高的（Jensen, 1965; Jensen & Rohwer, 1966）。而且，智力障碍的儿童会比普通儿童表现出更多的 Stroop 干扰（Uechi, 1972; Wolitsky et al., 1972）。也有人采用分类测验任务验证了抑制能力与智力之间的相关。如 Smith 和 Baron（1981）在实验中要求被试根据卡片的某种相关属性（如角度）对图片进行快速分类。结果发现，那些在这种测验中不太受无关维度（如边长）影响的被试，他们在瑞文智力测验上的分数也比较高。

与传统的智力相对应的一个概念是情绪智力（也称情商）。近年来情绪智力引发了研究者的持续关注。情绪智力最早是由 Mayer 和 Salovey（1993）提出来的。后来，Goleman（1995）写了一本关于情绪智力的书（Emotional Intelligence），该书出版之后，情绪智力的概念开始被公众所广泛熟知。在情绪智力中有一些很重要的能力，如管理情绪的能力、延迟享受的能力、控制冲动的能力等。这些能力对个体的成功来讲是至为重要的，这些能力都与个体的行为抑制能力有关。

许多研究发现，抑制能力从婴儿期到儿童晚期这一段时间内，在个体的智力表现中占有重要作用。McCall 和 Carriger（1993）认为对熟悉刺激的反应进行抑制是婴儿实现对刺激习惯化（habituation）的一个重要成分。在婴儿习惯化的研究中，婴儿被呈现一些刺激，并且让他们观察或听一段时间。当婴儿对当前的刺激不感兴趣时，他们对该刺激的关注度就会下降（如观察时间比刚开始时缩短了 50% 以上），这个过程称为习惯化的过程。也有研究发现，测试婴儿的习惯化和对新刺激的偏好（去习惯化）可以很好地预测他们将来的智商。那些能够快速对物体形成习惯化的婴儿有着更高的智力水平（Bornstein & Sigman 1986; Fagan & Singer 1983; McCall & Carriger 1993），虽然有多种因素会对习惯化的速度造成影响。但是，McCall 和 Carriger（1993）认为，这其中最主要的因素就是对行为的抑制能力。

在婴幼儿成长的过程中，有许多因素会影响到他们未来的认知表现（e.g., McCall, Eichorn, & Hogarty, 1977）。前人发现的抑制机制在儿童认知中占据重要地位（e.g., Bjorklund & Harnishfeger, 1990; Harnishfeger & Bjorklund, 1993），这可能提示抑制能力作为一种稳定的因素，一直影响着个体的信息加工过程，并且造成了认知上的个体差异。

卡特尔把智力分为晶态智力与液态智力。液态智力是个体面对复杂环境时灵活应变的能力，一般包括感知觉、记忆、注意、推理能力等。大量研究表明，液态智力在成年早期达到巅峰以后会随着年龄增长而衰退，而晶态智力（如词汇、知识经验等）在很大程度上不受老化的影响。关于液态智力随年龄发展和衰退的机制问题一直是研究者们关注的焦点。近年来行为抑制与液态智力的关系越来越受到研究者的重视，研究主要集中在个体差异研究方面和认知神经科学方面。此外，除了平常研究的压抑能力，抑制衰退理论所提出的通达和删除能力也开始被人们用来考察与液态智力的关系。

近年来随着脑科学的发展，人们发现相对其他脑区，额叶更晚成熟并更容易衰老。前额叶等负责高级心理活动的区域的发展变化被人们认为是包括液态智力等高级认知功能发展和衰退的重要原因。Dempster 等人（1991，1999）将前额叶与抑制功能联系起来，认为前额叶是抑制功能的神经基础，额叶的衰退及病变会影响个体的抑制能力，进而影响个体在其他高级认知功能上的表现，并且认为抑制是液态智力不可或缺的一部分。Dempster 等人（1991）经过一系列的研究认为，离开抑制过程，我们就不能很好地理解智力。Luria（1966）也发现额叶受损者在行为抑制方面出现了严重的衰退，这些受损者很难舍弃旧有不适宜的反应，行为固着不变（perseveration），无法灵活变通。Hasher 等人（1999）的抑制衰退理论则以工作记忆为中介，认为抑制的衰退会导致个体工作记忆衰退，进而影响其他高级认知功能。Ackerman，Beier 和 Boyle（2005）的相关研究也表明工作记忆与液态智力有着十分密切的关系。

由此可见，行为抑制与工作记忆关系密切，行为抑制的缺陷可能会对液态智力产生影响。Lustig 等人（2006）对年轻人与老年人在数字符号替换测验（Digit Symbol Substitution Test）上的成绩（液态智力）和他们对干扰的控制能力的关系进行了研究。结果发现，在数字符号替换测验上分数较低的老年人更难以对干扰进行控制（图1-1）。图1-1中所有的测验是数字符号替换测验。该测验是韦氏智力测验（Wechsler battery，Wechsler，1981）的一部分，它主要用于测试一个人的液态智力。对于年轻人来讲，在数字符号替换测验上成绩较高的个体与成绩较低的个体在干扰的控制能力上没有显著性差异。而对于老年组而言，数字符号替换测验上成绩较高的个体对干扰刺激的反应能力明显要快于成绩较差的个体。

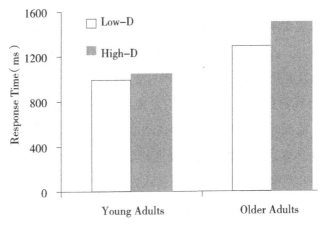

图1-1 年轻人与老年人在数字符号替换测验

Digit Symbol Substitution Test 上的成绩与他们对干扰的控制能力的关系。Adapted from "Distraction as s Determinant of Processing Speed" by C Lustig., L Hasher, & S T Tonev, 2006, Psychonomic Bulletin & Review, 13, p.621.

五、行为抑制与天才和创造力

高智商或天才儿童通常被定义为在智商测验中会获得较高分数或在认知测验中有较好认知表现的那些儿童。有效地对无关信息进行抑制被认为是天才儿童或高智商儿童所表现出来的一个重要的认知特征。Sternberg 和 Davidson（1983），Sternberg（1985）认为天才通常有一些非凡的技能，如对相关信息进行选择性编码的能力、选择性地将信息组织成新的结构的能力以及选择性地将新知识与已有知识结构进行有意义的对比的能力（Sternberg，1985）。而在对信息进行选择的过程中，抑制能力是非常关键的。

Sternberg（1985）曾指出："对信息进行选择性编码的需要个体将他们的注意力从无关信息转向相关信息，在大量的信息中，有意义的问题或信息可能只有 1~2 个，只有这些极少的信息才可能有助于问题的解决。"天才的表现不仅需要将相关信息从无关信息中鉴别出来，而且在整个解决问题的过程中都需要对无关信息进行抑制。Davidson 和 Sternberg（1984）发现一些天才儿童在对问题进行加工时有独特的选择性编码的能力。在他们的实验中，他们挑选出四、五、六年级的普通学生和天才学生，让他们去解决数学应用题。题目中都包含有关信息以及一些无关信息。例如，"一个农民要用 100 块钱去买 100 头家畜。其中，牛 10 美元一头，羊 3 美元一头，猪 50 美分一头，问：买 5 头牛需要多少钱？"在这个问题中，唯一相关的信息就是一头牛的价格。Davidson 和 Sternberg（1984）发现，对于普通儿童来讲，老师帮助他们指出这个问题中的相关信息的时候，普通儿童解决起这个问题来才比较容易；而天才儿童不管在老师指出或不指出的条件下，都能很快解决上述问题。这说明，天才儿童能够快速地从无关信息中找到有用的信息，而且具有对无关信息更高的抑制能力。

高智商与有效的抑制能力之间的关系还反映在创造力与干扰抑制能力的联系上。Gamble 和 Kellner（1968）认为，创造力反映了一种同时进行多种加工的能力。他们的研究发现，对于高智力的个体来讲，在 Stroop 测验上的表现，可以预测他们在多种任务操作中对干扰的抑制能力。那些在 Stroop 测验上表现出较少干扰的成人在联想创造性测验中的表现也比较好。而且，Golden（1975）采用其他的创造力测验也成功地验证了上述结论。以上的研究说明抑制能力是个体创造力的重要组成部分。

六、行为抑制与心理理论

Friedman 和 Leslie（2004）认为，儿童在错误信念任务（false belief task）

上的表现依赖于行为抑制的过程（详见 Carlson & Moses，2001；Russell，Mauthner，Sharpe，& Tidswell，1991）。在该任务中，儿童被告知一个女孩子叫 Sally，她有一红一蓝两个盒子。Sally 有一个小青蛙的玩具，她把它放进了红色的盒子中之后就出去玩了。在 Sally 离开之后，一个儿童看到该玩具被他人移动到了蓝色的盒子中去了。然后成人提问该儿童："Sally 会认为玩具在哪个盒子中？""她回来后会到哪个盒子去找她的玩具？"由于 Sally 没有看到玩具被人换了场所，所以，这个问题正确的答案应该是红色的盒子（玩具最初放置的场所），错误的答案是蓝色的盒子（玩具现在放置的场所）。研究发现，3 岁到 4 岁是儿童从错误的答案向正确的答案的转折年龄，即从依赖他们实际所看到的场所转向站在 Sally 的角度进行思考（Wellman，Cross，& Waston，2001）。

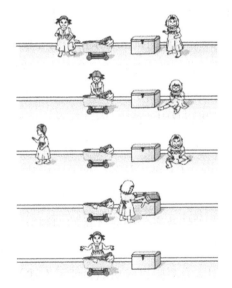

图 1-2　用于测试错误信念的 Sally-Ann 任务

Friedman 和 Leslie（2004）认为，面对众多信念的选择时，一项基本的能力就是对产生竞争的信念进行抑制，也就是说在上面的错误信念任务中，儿童想作出正确的判断，他们就必须能够抑制来自现在玩具所在的场所——蓝盒子的干扰，这种干扰是非常明显的。于是，Friedman 和 Leslie 进一步假设，

4 岁的儿童可以成功抑制这种干扰,所以他们大多数人能够正确判断;而 3 岁的儿童不能够抑制这种干扰,所以他们不能通过该任务。为了验证该假设,Friedman 和 Leslie 又进行了一系列更加复杂的错误信念任务,他们得到的结论是"对错误信念任务的正确推理依赖于儿童抑制控制(inhibitory control)能力的发展"。这种强调行为抑制能力在理解儿童发展中的重要作用的观点,不仅限于 Friedman 和 Leslie,还有其他学者也进行了相关研究(e.g., Bull & Scerif, 2001; Diamond, Kirkham, & Amso, 2002; Wilson & Kipp, 1998)。

模仿对人类学习新知识、与人交往具有重要的意义。1996 年 Rizzolatti 和同事们发现,恒河猴的前运动皮质 F5 区域的神经元不但在做出动作时产生兴奋,而且在看到别的猴子或人做相似的动作时也会兴奋。他们把这类神经元命名为镜像神经元(mirror neuron, MN)。1998 年 Hari 根据经颅磁刺激技术和正电子断层扫描技术得到的证据提出,人类也具有镜像神经元,而且有一部分存在于大脑皮层的布洛卡区(控制说话、动作和对语言的理解的区域),具体地讲,镜像神经元包括了大脑,额下回(IFG)、腹侧运动前区(PMv)、顶下小叶(IPL)和颞上沟(STS)等区域。他进一步提出,人类正是凭借这个镜像神经元系统来理解别人的动作意图,同时与别人交流。由于有镜像神经元的存在,人类才能学习新知识、与人交往。因为人类的认知能力、模仿能力都建立在镜像神经元的功能之上。

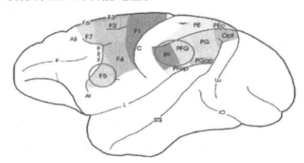

图 1–3 猴脑中的镜像神经元区

猴脑的外侧示意图:圆圈内的区域是镜像神经元分布的区域,位于下额叶的前运动皮层区下部 F5,以及顶下小叶的 PF 和 PFG。

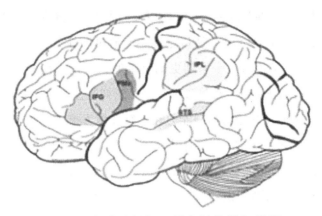

图1-4 人脑（侧视图的）镜像神经元区

IFG，额下回；PMv，腹侧运动前区；IPL，顶下小叶；STS，颞上沟。

当我们看到别人做出某个动作时，我们的镜像神经元就会活动，并且在头脑中自发地对他人的动作进行模仿。这种自动模仿（automatic imitation）在我们对他人信念的理解、意图的解读等社会性认知的加工中具有重要作用。但与模仿过程相反，我们在行动中，往往需要有意识地对自己看到的外部动作进行抑制。也就是说，当我们需要做出一个不同于观察到的、来自外部的动作时，我们需要对自发模仿进行抑制，这种抑制被称为模仿抑制（imitation inhibition）。如当被试看到别人握拳的时候，他被要求张开手，而当看到别人张开手的时候，他被要求握拳，这种条件下，就需要对自发的模仿进行抑制。这种抑制的脑神经机制是什么呢？Brass和Heyes（2005）及Brass，Ruby和Spengler（2009）发现，个体对他人动作的自动模仿进行抑制时，激活了内侧前额叶皮质（medial prefrontal cortex，mPFC）。也就是说，内侧前额叶皮质参与对个体对由IFG和STS等部位构成的镜像神经元系统的自上而下的调节。而且，更值得关注的是，先前的研究发现，在他人心理状态的推测、对自我的注意等心理理论或心理化（mentalizing）任务上也激活了该区域。所谓心理化，即理解他人情感的能力。移情作用（empathy）也包含了心理化这一过程。

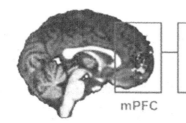

图 1-5　模仿抑制与心理理论任务在激活脑区上的重合

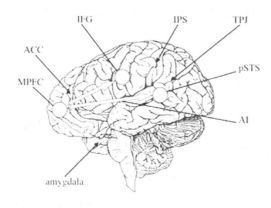

图 1-6　mPFC 区域对镜像神经元自上而下的调节

这个结果具有重要的意义。也就是说，自动模仿是自动地、无意识地将自己与他人的态度和行为趋同的一种行为；而心理化则是一个需要对趋同过程进行抑制，主动地将自己与他人进行区别的一种行为。前者是将自己与他者同一化，而心理理论或心理化则是一个将自己与他们进行区分的行为。为了验证这一假设，Santiesteban 等（2012）对模仿与心理理论的关系进行了探索。在他们的实验中，他们提出了两种假设，一种假设认为，模仿与心理理论之间相互关联，模仿是心理理论的基础。该理论与心理理论的模拟理论一致，但认为个体对读懂他人的心理是由于对他人的心理进行了模拟的缘故；另外一种相反的假设认为，在心理理论这样的高层次社会认知能力当中，起重要作用的不是镜像神经系统，而是将自己与他们相区别的抑制过程。

在 Santiesteban 等人的实验中，他们将被试分为了 3 组，并且让 3 组被试分别接受不同的训练。第一组被试接受模仿训练，第二组被试接受模仿抑制训练，第三组被试只是接受通常的抑制能力训练。第二天之后，对被试在心理理论的情绪理解任务以及观点采择任务上的表现进行测试。结果表明，接受模仿抑制训练的被试在对他人视点的采择和理解成绩上要明显高于其他两组被试，这种结果在眼动数据上也有所反映。这个结果说明，我们并不是通过模仿别人而达到对别人的理解，而是通过抑制与他人趋同，严格地将自己与他们区分而达到对他人的理解的，即抑制过程是个体心理理论中的核心能力。

七、行为抑制与社会认知

人与人的交往中，有时我们会形成对他人的刻板印象。在社会心理学中有一个重要的问题是什么因素决定了刻板印象在我们大脑中的提取。Kunda和Spencer（2003）认为，刻板印象的激活主要受三个因素的驱动：首先是目标理解——为了简化和更顺畅地理解某一情景；其次是自我促进（self-enhancement），满足自尊的需要；最后是为了避免产生偏见。便于目标理解和自我促进这两个因素有相似的地方，即这些目标越强，我们越可能产生刻板印象。

但是刻板印象和行为抑制之间有什么关系呢？ Kunda 和 Spencer（2003）对此进行了分析。他们认为也有可能是目标越强，我们越容易抑制刻板印象。如，对于目标理解而言，个体如果有更多的关于某人的信息，他就可能抑制对他的刻板印象。对于自我促进而言，如果是个体打算形成关于他人的积极印象的话，他也需要抑制（消极的）刻板印象。对于避免产生偏见而言，个体首先需要启动他的抑制能力，去消除那些消极的信息。除了 Kunda 和 Spencer 之外，也有其他的研究者强调抑制在社会认知加工过程中的作用（e.g.，Beer，Heerey，Keltner，Scabini，&Knight，2003；Sha，Friedman，&Kruglanski，2002；von Hippel & Gonsalkorale，2005）。

八、行为抑制与认知风格

认知风格是认知心理学家和发展心理学家比较关注的一个概念。认知风格可以从不同角度进行分类，常见的是场依存型和场独立型（field dependence/field independence）的分类。这种认知风格的分类维度强调个体在加工复杂刺激时，对其局部信息或整体信息的关注程度。常用于评估场依存型和场独立型认知风格的测验是嵌入图形测验（embedded figure test，EFT）。

场独立型认知风格的被试可以很快从一个复杂图形中找出嵌入的目标图形。而场依存型认知风格的被试则需要花费更长的时间才能完成该任务。在Dempster（1991）看来，场独立型或场依存型的认知风格反映了个体对干扰刺激敏感性的差异。场依存型认知风格的个体对干扰非常敏感，他们不能有效地抑制整个图形中的无关部分对目标图形的干扰。

另外一种关于认知风格的分类是，从认知节奏的角度对认知风格进行分类。认知节奏指的是个体在面对一个答案不清晰的问题或者不能立即给出答案的问题时，他们的一种表现倾向。Kagan（1965）以及Kagan，Rosman，Day，Albert 和 Philligs（1964）研究发现，个体在给出问题答案之前的表现存在着巨大的差异。有的人倾向于迅速对问题进行回答，当然，这种回答往往是错误的，这种认知风格被称为冲动型认知风格；还有一种人在回答问题之前显得比较谨慎，他们倾向于通过深思熟虑，才给出问题的答案，这种认知风格被称为沉思型的认知风格。冲动型认知风格反映了个体在反应的抑制方面存在缺陷，他们往往对来自多方面的干扰刺激比较敏感。研究者经常在学习困难、阅读困难以及多动症儿童中发现冲动型认知风格的存在（e.g.，Kagan 1965；Keogh & Donlon 1972），这也说明了这些特殊群体在行为抑制上存在困难。

九、行为抑制与认知策略

认知策略是一种辅助问题解决的方法（Howe & O'Sullivan，1990）。认知策略包括复述的策略、精致的策略以及组织的策略等。熟练的策略使用者不仅拥有很多策略，而且他们知道如何在适当的时候去使用策略（Pressley，1994）。

　　在幼儿学习策略的过程中存在这样一种现象，即幼儿虽然学会了某些策略，但幼儿并没有从使用这些策略中受益，这被称为使用缺陷（utilization deficiency）。Miller（1994）作了一项研究。他选择的被试是3~8岁的儿童。他给被试呈现一些盒子，并让被试把有些盒子画上窗，有些画上房子，以便对盒子进行区分。对这个任务进行记忆时，一个有效的策略是先只记住一种类别的盒子的位置，而忽视所有剩下的盒子。被试在以前没有用过这种策略，结果发现，他们开始使用这个策略的时候显得十分蹩脚，这种策略并没有带来好的表现。

　　为什么幼儿在使用某种策略时，并不是像想象的那样会促进他们的表现呢？一种解释是，个体在使用某种策略的时候，需要一定的认知资源。幼儿没有充足的认知资源（认知容量）去执行该策略或进行其他操作以促进他们更好地信息加工（如对信息进行深加工）（e.g.，Bjorklund & Harnishfeger，1987）。笔者认为，抑制的概念可以为这个问题提供更好的说明。如，在上面的实验中，产生了使用缺陷的幼儿在使用新策略的时候，由于他们不能有效抑制以前经常使用的旧的策略，所以，旧的策略会阻碍新的策略的执行和影响它们进入工作记忆。另外，那些产生了使用障碍的儿童在对当前的任务进行加工时，也可能无法抑制来自前面任务的信息，即在前面试次中成功记住的信息也可能突然闯入新的试次中造成干扰。

　　由于不能有效抑制潜在的干扰信息，这导致儿童在使用新的策略的时候显得比较困难，新的策略也没有达到应有的效果。所以儿童有时候虽然学会了一个新的策略，但是让他们自由选择时，他们还是倾向于使用旧的策略（Harnishfeger & Bjorklund，1994）。同样，Siegler（1989）和他的同事也发现，儿童在解决一些简单的数学问题的时候，并不经常采用那些看起来非常成熟的策略。特别是在面对新问题的时候，儿童更倾向于使用那些旧的、他们更加熟悉的策略。关于使用策略，Dempster（1991）曾总结，抑制是策略获得的

一个重要因素，不能有效抑制经常使用的策略可能会阻碍新的策略的形成。因此，笔者认为，一个策略真正能够促进个体的操作依赖于他们对干扰的有效抑制。

十、行为抑制与逻辑推理

一般认为，在逻辑推理中产生错误的原因要么是缺少逻辑思维，要么是没有很好地将逻辑思维运用于具体的问题（Piaget，1949）。然而，也有一些研究认为逻辑推理中产生的错误经常是由于误导性或无关信息的干扰造成的（Brainerd，1979；Dempster，1992）。例如，刺激的视觉特征可能会使一个问题解决者看错问题，信息的呈现方式也可能使人对问题严生误解。

在逻辑推理中由于干扰而产生的错误可以通过皮亚杰的守恒的任务来进行说明。该任务中包含着这样一个逻辑，即如果两个物体看起来是相等的，那么也就是说它们一定在某些数量的特征上是一样的，即使两个东西的形状看上去并不完全相同。在经典的守恒测验中，实验者首先给儿童看两杯高度完全一样的水，然后把其中的一杯水倒进一个口径更宽的杯子，使其看上去更矮一些。在这个实验中，物体的外形被破坏了，但是物体的数量是不变的。对于较小的儿童来讲，他们可能误认为那个水面较高的杯子中的水较多。皮亚杰认为这是由于儿童缺少基本的逻辑思维造成的。然而，有研究发现，当我们在上述的守恒实验中引导儿童忽略容易产生误导的无关特征时，儿童可以进行正确的判断（Brainerd，1979）。因此，干扰的抑制在逻辑推理中扮演重要角色。

第三节　行为抑制与学业成就

前人有研究发现，行为抑制能力与学生的学业表现之间存在正相关关系。Bull 和 Scerif（2001）对 105 名 6~8 岁儿童的数学能力与执行功能的关系进行了研究，他们采用的主要测验包括威斯康星卡片排序测验（WCST）、

Stroop 测验等。结果发现：儿童的数学能力与所测量的执行功能之间有密切的联系。回归分析发现，执行功能的各项测验上的分数能够预测儿童的数学能力。St Clair-Thompson 和 Gathercole（2006）探讨了 11、12 岁儿童的学业成就（scholastic achievement）与其行为抑制的关系。结果发现，儿童的行为抑制能力与儿童的英语、数学以及科学测验的成绩之间呈显著正相关。

另外，箱田裕司等（2002）研究了行为抑制任务与大学生学业成就之间的相关。他们采用的行为抑制任务是团体 Stroop 测验，该测验分为以下四个分测验：测验 1 是逆 Stroop 基线条件任务，测验 2 是逆 Stroop 任务，测验 3 是 Stroop 基线条件任务，测验 4 是 Stroop 条件任务。他们对 952 名大学生的日语词汇能力、文学作品理解、英语句子排序、英语阅读理解、英文篇章完形填空、数学的三角函数、数学的指数对数等能力进行了测试。结果发现，Stroop 测验的分测验 1 的正确数与数学的指数对数、分测验 2 的正确数与词汇能力、英语句子排序、数学指数对数测验呈正相关；分测验 3 与数学的三角函数、数学的指数对数测验呈正相关；分测验 4 与数学的三角函数、数学的指数对数两项能力之间呈显著的正相关。而 Stroop 干扰则与数学问题解决能力有显著负相关。逆 Stroop 干扰与词汇测验、两项英语测验成绩有显著负相关。

表 1-1　Stroop 任务与学生成绩分数之间的相关

	国　语		英　语			数　学	
	词汇能力	文学作品理解	英语句子排序	英语阅读理解	英文篇章完形填空	数学的三角函数	数学的指数对数
Test1	−0.094	−0.049	0.024	−0.086	−0.032	0.109	0.226*
Test2	0.183**	0.021	0.210**	0.044	0.072	0.089	0.194**
Test3	0.091	−0.092	0.156**	0.044	0.092	0.191**	0.206**
Test4	0.046	−0.032	0.047	−0.040	0.066	0.208**	0.206**
SI	−0.061	−0.108	0.112	0.059	0.004	−0.171**	−0.131
RI	−0.358**	−0.091	−0.227**	−0.164*	−0.123	0.026	0.033

（Hakoda et al., 1991）

Note: Stroop 干扰率（SI）的大小等于测验 3 与测验 4 的正确数之差比上测验 3 的正确数。逆 Stroop 干扰率（RI）的大小等于测验 1 与测验 2 的正确数之差比上测验 1 的正确数。

参考文献

Ackerman, P.L., Beier, M.E., & Boyle, M.O. （2005）.Working memory and intelligence: The same or different constructs? Psychological Bulletin, 131（1）, 30–60.

Barkley, R.A. （1997）. Behavioral inhibition, sustained attention, and executive functions: Constructing a unifying theory of ADHD. Psychological Bulletin, 121, 65–94.

Beer, J.S., Heerey, E.A.,Keltner, D., Scabini, D., & Knight, R.T.（2003）. The regulatory function of self–conscious emotion: Inghts from patients with orbitofrontal damage. Journal of Personality and Social Psychology, 85, 594–604.

Bjorklund, D.F., & Harnishfeger, K.K. （1987）. Developmental differences in the mental effort requirements for the use of an organizational strategy in free recall. Journal of Experimental Child Psychology, 44 （1）, 109–125.

Bornstein, M.H., Sigman,M.D. （1986）. Continuity in mental development from infancy. Child Development, 57, 251–274.

Bjorklund, D.F., Muir–Broaddus,J.E., & Schneider, W. （1990）. The role of knowledge in the development of cognitive strategies. In Children's strategies: Contemporary views of cognitive development, edited by D.F. Bjorklund. Hillsdale, NJ: Erlbaum.

Brainerd, C.J. （1979）. Markovian interpretations of conservation learning. Psychological Review, 86 （3）, 181–213.

Brass, M., Ruby, P., & Spengler, S. （2009）. Inhibition of imitative behaviour and social cognition. Philosophical Transactions of the Royal Society of London B: Biological Sciences, 364 （1528）, 2359–2367.

Brass, M., & Heyes, C. （2005）. Imitation: is cognitive neuroscience solving the correspondence problem? Trends in cognitive sciences, 9（10）, 489–495.

Breese, B.B.（1899）. On inhibition. Psychological Monographs, 3, 1–65.

Bjorklund, D.F., Muir–Broaddus, J.E., and Schneider, W. （1990）. The role of knowledge in the development of strategies. In Bjorklund, D. F. （ed.）, Children's Strategies: Contemporary.Views of Cognitive Development, Erlbaum, Hillsdale, NJ.

Bull, R., & Scerif, G.（2001）.Executive functioning as a predictor of chilren's mathematics ability: Shifting, inhibition, and working memory. Developmental Neuropsychology, 19, 273–293.

Chan, R.C.K., Shum, D., Toulopoulou, T. & Chen, E.Y.H.（2008）. Assessment of executive functions: Review of instruments and identification of critical issues. Archives of Clinical Neuropsychology, 3（2）, 201–216.

Caspi, A., & Silva, P.A.（1995）. Temperamental qualities at age three predict personality traits in young adulthood: Longitudinal evidence from a birth cohort. Child Development, 66, 486–498.

Dempste, F.N.（1991）.Inhibitory processes: A neglected dimension of intelligence. Intelligence, 15（2）, 157–174.

Dempster, F. N., & Corkill, A.J.（1999）. Individual differences in susceptibility to interference and general cognitive ability. Acta Psychologica, 101（2–3）, 395–416.

Diamond, A., Kirkham, N.Z., & Amso, D.（2002）. Conditions under which young children can hold two rules in mind and inhibit a prepotent resonse. Developmental Psychology, 38, 352–362.

Davidson, J.E. & Sternberg,R.J.（1984）. The role of insight in intellectual giftedness. Gifted Child Quarterly, 28, 58–64.

Dempster, F.N.（1992）. The rise and fall of the inhibitory mechanism: Toward a unified theory of cognitive development and aging. Developmental Review, 12

（1），45–75.

Dempster, F.N. （1991）.Inhibitory processes: A neglected dimension of intelli-gence. Intelligence, 15（2），157–174.

Gamble, K.R., & Kellner, H. （1968）. Creative functioning and cognitive regression. Journal of Personality and Social Psychology, 9（3），266.

Golden, C.J. （1975）. A group version of the Stroop Color and Word Test. Journal of Personality Assessment, 39, 386–388.

Goleman, D. （1995），Emotional Intelligence ,Bantam Books, New York, NY.

Fagan, J.F. III. & Singer,J.T. （1983）. Infant recognition memory as a measure of intelligence. In Advances in infancy research （Vol.2），edited by Lipsitt,L.P. & Rovee–Collier, C.K. Norwood, NJ: Ablex.

Friedman，O.,& Leslie，A.M. （2004）.Mechanisms of belief–desire reasoning: Inhibition and bias. Psychological Science，15，547–552.

Hari, R., Forss, N., Avikainen, S., Kirveskari, E., Salenius, S., & Rizzolatti, G. （1998）. Activation of human primary motor cortex during action observation: a neuromagnetic study. Proceedings of the National Academy of Sciences, 95 （25），15061–15065.

Harnishfeger, K.K.,& Bjorklund,D.F. （1993）. The ontogeny of inhibition mechanisms: A renewed approach to cognitive development（pp.28–49）.In Emerging themes in cognitive development: Foundations （Vol.l），edited by Howe, M.L. & Pasnak,R. New York: Springer–Verlag.

Howe, M.L., & O'Sullivan, J.T. （1990）. The development of strategic memory: Coordinating knowledge, metamemory, and resources. In Bjorklund, D. F.（ed.），Children's Strategies: Contemporary Views of Cognitive Development（pp.129–155）. Erlbaum, Hillsdale, NJ.

Harnishfeger, K.K., & Bjorklund, D.F. （1994）. A developmental perspective on individual differences in inhibition. Learning and Individual Differences, 6（3），

331–355.

Hasher, L., & Zacks, R.（1988）. Working memory, comprehension, and aging: A review and a new view. The Psychology of Learning and Motivation: Advances in Research and Theory, 22, 193–225.

Hasher, L., Zacks, R. T., & May, C.P.（1999）. Inhibitory control, circadian arousal, and age. In Gopher, D. K. A.（Ed.）, Attention and Performance Xvii: Cognitive. Regulation of Performance: Interaction of Theory and Application, 17, 653–675.

Hughes, C.（1998）. Executive function in preschoolers: Links with theory of mind and verbal ability. British Journal of Developmental Psychology, 16, 233–253.

Jarrold, C., Tam, H., Baddeley, A.D., & Harvey, C.E.（2011）. How does processing affect storage in working memory tasks? Evidence for both domain–general and domain– specific effects. Journal of Experimental Psychology: Learning, Memory, and Cognition, 37（3）, 688–705.

Jensen, A.R.（1965）. Scoring the Stroop test. Acta Psychologica, 24, 398–408.

Jensen, A.R., & Rohwer Jr, W.D.（1966）. The Stroop color–word test: A review. Acta Psychologica, 25, 36–93.

Kagan, J., Reznick, S., & Snidman, N.（1988）. Biological bases of childhood shyness. Science, 240, 167–171.

Kagan, J., Rosman,B.L., Day,D., Albert,J., &Phillips,W.（1964）. Information processing in the child: Significance of analytic and reflective attitudes. Psychological Monographs, 78（1）,578.

Kagan, J.（1965）. Reflection–impulsivity and reading ability in primary grade children. Child Development, 36, 609–628.

Keogh, B.K. & Donlon,G.（1972）. Field dependence, impulsivity, and learning disabilities. Journal of Learning Disabilities, 5, 331–336.

Kunda, Z., & Spencer, S. J.（2003）. When do stereotypes come to mind and when do they color judgement? A goal-based theoretical framework for stereotype activation and application. Psychological Bulletin, 129, 522–544.

Kagan, J., Reznick, S., & Snidman, N. （1988）. Biological bases of childhood shyness. Science, 240, 167–171.

Lustig, C., Hasher, L., & Tonev, S.T. （2006）. Distraction as a determinant of processing speed. Psychonomic Bulletin & review, 13（4）, 619–625.

Luria, A. （1965）. Two kinds of motor perseveration in massive injury of the frontal lobes. Brain, 88, 1–10.

Miller, P.H. （1994）. Individual differences in children's strategic behaviors: Utilization deficiencies. Learning and Individual Differences, 6（3）, 285–307.

McCall, R.B., Eichorn, D.H., & Hogarty, P.S. （1977）. Transitions in early mental development. Monographs of the Society for Research in Child Development, 42,171.

Mayer, J.D., & Salovey, P. （1993）. The intelligence of emotional intelligence. Intelligence, 17（4）, 433–442.

McCall, R.B., & Carriger, M.S. （1993）. A meta-analysis of infant habituation and recognition memory performance as predictors of later IQ. Child Development, 64, 57–79.

Miyake, A., Friedman, N., Emerson, M., Witzki, A., Howerter, A., & Wager, T.（2000）. The unity and diversity of executive functions and their contributions to complex "frontal lobe" tasks: a latent variable analysis. Cognitive Psychology, 41, 49–100.

Ozonoff, S. （1997）. Components of executive function in autism and other disorders. In J. Russell （Ed.）, Autism as an executive disorder （pp. 179–211）. New York, USA: Oxford University Press.

Piaget, J. （1949）. Traite de logique: essai de logistique operatoire. Colin.

Pressley, M. （1994）. Embracing the complexity of individual differences in

cognition: Studying good information processing and how it might develop. Learning and Individual Differences, 6（3）, 259–284.

Pillsbury, W.B.（1908）. Attention. New York: Macmillan.

Robbins, T.W. （1996）. Dissociating executive functions of the prefrontal cortex. Philosophical Transactions of the Royal Society London, 351, 1463–1471.

Redick, T.S., Heitz, R.P., & Engle, R.W. （2007）. Working memory capacity and inhibition: Cognitive and social consequences. In D. S. Gorfein & C. M. MacLeod （Eds.）, Inhibition in cognition（pp.125–142）. Washington, D.C.,US: American Psychological Association.

Rafal, R., & Henik, A.（1994）. The neurology of inhibition: Integrating controlled and automatic process. In D. Dagenbach & T. H. Carr（Eds.）, Inhibitory process in attention, memory, and lauguage（pp.1–51）.

Rizzolatti, G., Fadiga, L., Gallese, V., & Fogassi, L. （1996）. Premotor cortex and the recognition of motor actions. Cognitive Brain Research, 3（2）, 131–141.

Redick, T.S., Heitz, R.P., & Engle, R.W. （2007）. Working memory capacity and inhibition: Cognitive and social consequences. Inhibition In Cognition, 125–142.

Santiesteban, I., White, S., Cook, J., Gilbert, S.J., Heyes, C., & Bird, G. （2012）. Training social cognition: From imitation to theory of mind. Cognition, 122（2）, 228–235.

Sha, J.Y., Friedman, r., & Kruglanski, A.W.（2002）. Forgetting all else: On the antecedents and consequences of goal shielding. Journal of Personality and Social Psychology, 83, 1261–1280.

Smith, J.D., & Baron, J. （1981）. Individual differences in the classification of stimuli by dimensions. Journal of Experimental Psychology: Human Perception and Performance, 7（5）, 1132.

Siegler, R.S., & Jenkins, E. （1989）. How Children Discover New Strategies, Erlbaum, Hillsdale, NJ.

Sternberg, R.J. （1985）. Beyond IQ: A friarchic theory of human intelligence. Cambridge: Cambridge University Press.

Sternberg, R.J., & Davidson, J.E. （1983）. Insight in the gifted. Educational Psychologist, 18（1）, 51–57.

St Clair-Thompson, H.L., & Gathercole, S.E. （2006）. Executive functions and achievements in school: Shifting, updating, inhibition, and working memory. The Quarterly Journal of Experimental Psychology, 59（4）, 745–759.

Uechi, Y. （1972）. Cognitive interference and intelligence: Reexamination of the measures of SCWT. Japanese Journal of Educational Psychology.

Von Hippel, W., & Gonsalkorale, K. （2005）. That is bloody revolting! Inhibitory control of thoughts better left unsaid. Psychological Sciences, 16, 497–500.

Welsh, M.C., & Pennington, B.F. （1988）. Assessing frontal lobe functioning in children: Views from developmental psychology. Developmental Neuropsychology, 4, 199–230.

Wundt, W. （1902）. Principles of Physiological Psychology（5th ed.）.Leipzig, Germany:Engelman.

Wechsler, D. （1981）. The Wechsler Adult Intelligence Scale-Revised. New York: Psychological Corporation.

Wilson, S.P.,& Kipp, K. （1998）. The development of efficient inhibition: Evidence from directed forgetting tasks. Developmental Review, 18, 86–123.

Welsh,M.C.,Pennington,B.F.,&Groisser, D. B. （1991）. A normative-developmental study of executive function: A window on prefrontal function in children. Developmental Neuropsychology, 7（2）, 131–149.

Wolitzky, D.L., Hofer, R., & Shapiro, R. （1972）. Cognitive controls and mental retardation. Journal of Abnormal Psychology, 79（3）, 296.

箱田裕司，平井洋子，椎名久美子，柳井晴夫．（2002）.学業成績と認知機能の関係について―注意能力，学力試験，論述式課題の相互関係を中心として―柳井晴夫（研究代表者）大学入学者選抜資料としての総合試験の開発的研究．平成 11–13 年度科学研究費補助金基盤研究（B）研究成果報告書 , 57–68.

第二章　行为抑制研究的主要范式

　　行为抑制的研究有许多范式，如 Stroop 任务、Stop-signal 任务、Go-no go 任务、flanker 任务等。根据 Barkley（1997）的观点，行为抑制主要包括三个相关联的成分，即优势反应的抑制（inhibit prepotent response）、反应停止（stop an ongoing response）以及干扰控制（interference control）。测试抑制能力的以上三种不同成分需要采用不同测验。Simon 任务、WCST 任务、Go-no go 任务、负启动任务看起来虽然没有关系，但这四项任务的一个共同的特点是都需要对某种优势的、习惯化的，甚至被反复强化过的反应进行抑制。因此，以上四项任务可归为对优势反应的抑制任务。Stop-signal 任务可以测量一个人停止正在进行的反应的能力。Stroop 任务、逆 Stroop 任务、Navon 任务、Flanker 任务以及 Garner 任务可以归为干扰控制任务。这些任务的刺激都包含两个维度，这两个维度的信息是相互干扰和互相影响的（如 Stroop 任务中的颜色和词义，Navon 任务中的整体信息与局部信息，Flanker 任务中的干扰刺激与靶刺激的方向以及 Garner 任务中的人物信息与表情信息）。

表 2-1　行为抑制研究的主要范式

优势反应的抑制	反应停止	干扰控制
Simon 任务 WCST 任务 Go-no go 任务 负启动任务	Stop-signal 任务	Stroop 任务 逆 Stroop 任务 Navon 任务 Flanker 任务 Garner 任务

第一节 优势反应的抑制任务

一、Simon 任务

刺激—反应相容性（stimulus response compatibility，SRC）是描述刺激—反应关系对信息加工影响的一个基本概念。在以往的研究中，人们发现了刺激—反应相容性效应。Simon 效应就是其中非常典型的一种，它揭示了刺激出现的空间位置对反应效果的影响。Simon 等（1981）首先揭示了刺激出现的空间位置与反应速度的关系，并且把这种效应命名为 Simon 效应。在实验中，给被试双耳呈现方位词"左"和"右"，要求按词义所标记的键作出反应。结果发现，尽管与空间位置无关，但当刺激位置与反应位置对应时，被试反应较快。除了声音刺激之外，视觉刺激同样也可以诱发 Simon 效应。

如在屏幕的左边或右边呈现一个红色或绿色的图形，如果是红色的图形则要求按左边的键（F），如果是绿色的图形则要求按右边的键（J）。呈现的条件分为 4 种，即红色呈现在左边，绿色呈现在右边，红色呈现在右边，绿色呈现在左边。其中，前面两个条件是一致性条件（relevant condition），后面两个条件是不一致性条件（irrelevant condition）。一致性条件指的是刺激呈现的位置与反应的要求一致，不一致条件指的是刺激呈现的位置与反应的要求不一致。研究发现，不一致的条件比一致的条件反应时间要长，这就是 Simon 效应（见图 2-1）。该图示中，A（c）是眼神 Simon 任务。不管刺激出现在左边还是右边，如果是红色的图形则要求按左边的键（F），如果是绿色的图形则要求按右边的键（J）。B：不一致性条件。

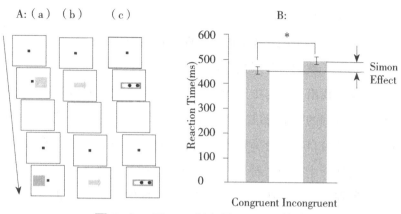

图 2-1　Simon 任务及 Simon 效应

其中 A（a）是符号 Simon 任务，A（b）是箭头 Simon 任务。

二、威斯康星卡片排序任务

威斯康星卡片排序任务（Wisconsin Card Sorting Test，WCST）是关于认知思维灵活性的一个经典的神经心理测验（Ozonoff，1995）。发展心理学用 WCST 来研究 6 岁以上儿童的认知灵活性，该测验也是执行功能测试的一个重要范式。测验中，研究者先向儿童呈现多种维度（颜色、形状、数量）的刺激卡片，接着向儿童呈现与不同刺激卡片在不同维度上相匹配的独立的卡片。儿童必须发现规则并用该规则来分选卡片。每选一张卡片，不管对错，研究者都给予儿童反馈。在连续的正确选择达到一定次数后，研究者会改变目标维度，这时，儿童必须找出新的分类规则。此研究的关键因变量是：第一，儿童对刺激卡片和目标卡片的相似性抽取能力；第二，目标卡片的维度改变后，儿童抑制先前规则以发现新规则的能力。通常，在这类研究中，同样发现了儿童思维灵活转换的持续性错误（刻板性错误），而不能灵活转换的原因通常被认为是维度改变前所形成的规则是一种优势规则，它会抑制新规则的形成。同时，这种任务要求儿童在发现规则时要不断猜测主试心目中的目标维度，因此，工作记忆在其中也扮演了重要角色，一种比规则运用更复杂的假设检验也起到重要的作用。

测试时（见图2-2），目标刺激呈现在画面中央，最下面的四张图片是匹配的四个选项。被试需要根据颜色、数量或形状中的任何一个标准，从下面四张图片中，找出一个与中间图片同类的图片。电脑有自己的分类标准，被试需要找出电脑的分类标准。当被试根据某种标准进行分类后，电脑会对被试的分类标准与自己的分类标准是否一致进行反馈。如果一致的话，那么将在画面上呈现一个"○"符号，如果不一致的话，那么将呈现一个"×"的符号。如果判断一致，那么被试需要按照目前的分类标准继续对下面的序列进行分类。如果分类不一致的话，被试需要改变自己的分类标准，以求得与电脑的分类标准相一致。在连续正确10次之后，电脑的分类标准会自动改变，这时候，需要被试找出电脑的规则，继续进行一个新的类别的判断（Wisconsin Card Sorting Test，WCST；Ozonoff，1995）。

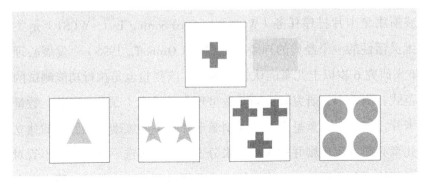

图2-2　威斯康星卡片排列测验（WCST）电脑版测试的画面

该任务与行为抑制也有密切的联系。其实质是要求个体不仅仅能够运用规则实现分类任务，而且更进一步要求个体在矛盾冲突的情况下实现规则之间的灵活转换，而实现规则灵活转换的关键则是要个体抑制先前的优势规则的影响而发现或利用新规则。可以通过3个指标来评估个体在该任务上的表现，即完成的类别数（categories achieved，CA）、刻板错误（perseverative error，PE）以及非刻板错误（non-perseverative error，NPE）。

脑功能成像的研究已经重复地证明，WCST可以激活PFC区域（Berman，

Ostrem, &Randolph, 1995; Nagahama, Fukuyama, & Yamauchi, 1996), 而 PFC 区域的损伤则可以导致被试在 WCST 操作上的困难。长期以来，WCST 测试一直被认为是一个与大脑前额叶功能密切相关的测试，而刻板性错误则可以反映大脑前额叶的功能（Milner, 1963）。

三、Go-no go 任务

Go-no go 任务通常包含两种刺激，一是高频刺激（如字母 /A），另一为低频刺激（如字母 /X），要求个体对高频刺激进行反应，对低频刺激不作反应。不同研究者所采用的具体任务在刺激呈现方式、反应要求等方面存在差异，但不同版本的 Go-no go 任务所考察的内在认知过程以及抑制类型相一致，即都要求个体对优势反应进行抑制。高频刺激的频繁出现会使个体对刺激的反应成为习惯化过程，对低频刺激不作反应则成为了对反应的抑制。

Go-no go 任务要求个体根据所呈现的刺激来判断是否进行反应，然后进行相应操作，这一过程涉及刺激辨别、反应选择及对反应激活状态的抑制等。虽然 Go-no go 任务没有完整的理论基础，但这并不妨碍我们依其任务范式对它的信息加工过程进行简单描绘。当个体执行 Go-no go 任务时，可将其加工过程分为简单的几个子过程。首先是刺激辨别，判断是否需要进行反应；其次是反应选择或者说是行为决定（decision making）；最后是行为执行。最后一个阶段的执行涉及两种不同的加工过程：当个体反应选择结果为反应操作时，个体启动已处于激活状态的行为作出反应；当选择结果为抑制操作时，个体则要抑制已经激活的行为准备状态，不作反应。Go-no go 任务的抑制操作是一个高水平的认知控制过程，是对优势反应的抑制，阻止优势反应向行为执行转化。

四、负启动任务

启动任务是认知心理学研究中经常采用的实验范式。Tipper（1985）采用红色（图中是黑色）、绿色（图中是蓝色）描绘的重合在一起的 2 个物体图片作为刺激，依次向观察者提示。实际实验时，图示中的黑色用红色表示，绿色用蓝色表示。个体要忽视上图中用蓝色线描出的物体，而对用黑色线描写的物体进行命名（Tipper，1985）。观察者需要忽视前后提示的绿色图片描绘的对象，而需要对红色图片的对象加以注意并报告它的名字。例如，最右边的条件是，观察者首先会将注意指向线索刺激中的扳手而必须忽视绿色的狗这一刺激，但是当在后面将注意指向红色的狗时，必须忽视绿色的脚。结果表明，在前面必须忽视的对象成为接下来的序列中应该报告的对象时，前面的应该忽视的刺激就会对后面刺激的命名产生影响，与前面应该忽视的对象和后面的注意应该指向的刺激之间没有联系的控制条件相比，在有联系时的控制条件下，判断的反应时间要更长。像这样的前面应该忽视的刺激成为后面应该反应的刺激时，个体的反应延迟的现象称为负启动（negative priming）。该现象说明，个体对前面应该忽视的刺激也进行了信息加工，这使个体对后面的加工产生了抑制（Neill et al.，1995）。

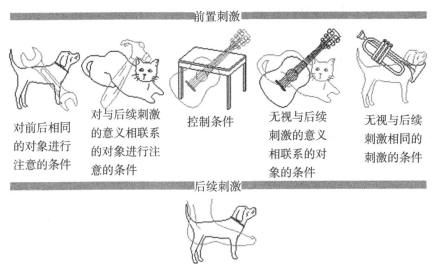

图 2-3　负启动任务（Tipper，1985）

前置刺激中蓝色线描出的对象从左到右依次为扳手、锤子、吉他、猫、狗；后续刺激中蓝色线描出的对象为脚。

第二节　反应停止任务

反应停止是行为抑制的另外一项内容。Logan 于 1984 年提出了反应停止任务（stop-signal task）。该任务由一个反应任务与一个停止任务组成。任务的刺激呈现方式通常是在几个反应刺激之后出现一个停止信号，反应刺激与停止信号间的时间间隔（SOA）按预先确定的概率加以控制；停止信号可以通过听觉或是视觉的方式呈现，听到信号时要求个体停止正在进行的选择反应。由于停止信号的出现在时间上滞后于反应刺激，所以个体所抑制的是已经被启动的或正在进行的行为。另外，也有研究发现，stop-signal 任务与前额皮层区域的活动显著相关（e.g., Raz, 2005）。与该区域的发育相对应，个体在 stop-signal 任务上的操作从儿童期一直到成人早期都会持续地改善（e.g., Bedard et al., 2002; Kramer, Humphrey, Larish, Logan, & Strayer, 1994）。

Stop-signal 任务要求个体在看到停止信号时，将正在进行的反应停止下来，这一过程要求个体在运动过程中合理分配注意，控制行为反应之间的冲突。就操作难度而言，stop-signal 任务的行为抑制难度远远大于 Go-no go 任务，前者要求将已启动的行为停止下来，包含了在线控制和对冲突的控制，后者则着重考查个体在认知层面对行为的选择。不同于 Go-no go 任务的是，stop-signal 任务中的参数 SOA 很大程度上决定了任务所抑制的内容。Stop-signal 任务对 SOA 有三种不同的设置方法：其一是将 SOA 设为固定值，一般为 250ms，再根据个体抑制成功与否以 50ms 进行微调；其二是跟踪设置法，先采集个体的平均反应时（MRT），而后用（MRT-Ax）来确定 SOA，Ax 是一组间隔为 50ms 或 100ms 的值，变动范围大约为 100~400ms；其三也是跟踪设置法，只是具体算法不同，SOA=XMRT，其中 X=20%、40%、60% 等。当 SOA 小于个体的行为启动时间时，个体所抑制的是优势反应；当 SOA 大于个体的行为启动时间时，所执行的抑制才是反应停止。与 Go-no go 任务的停止任务相比，stop-signal 任务的停止任务在时间上要滞后些，它是行为执行过程中的抑制。

如图 2-4 所示，每个 trial 都由两种刺激组成，即 go task 和 stop task。在 go task 中，个体需要对图片刺激进行反应（a "square" requires a left response and a "circle" requires a right response）。所有的刺激中，有 1/4 的刺激是 stop task。在 stop task 中，刺激出现后不久的一个不确定的时间间隔内（a variable stop-signal delay, SSD），会出现一个声音信号，该信号是停止信号（stop signal）。个体被指示，当听到该信号时，个体需要尽量抑制（停止）他们正在进行的反应，但是实验进行中，不要有意等待停止信号的出现。刺激在屏幕上保持一段时间，直到个体作出反应，或超出提示的上限。

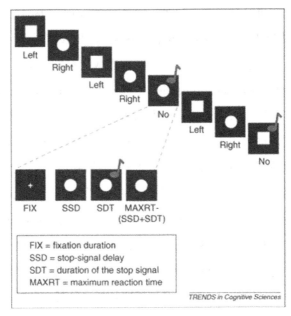

图 2-4 Stop-signal 任务的一个 trial 的模式图

Stop-signal 任务范式则是建立在赛马模型（horse-race model）基础之上。赛马模型包括两个过程：一个是对基本选择性任务的反应，另一个是对停止信号的反应停止。如果选择性反应在停止反应之前完成，那么外显的表现就是个体作出了反应；如果停止反应在选择性反应之前完成，外显的表现则是个体实现了对行为的抑制。由赛马模型可知，个体能否成功抑制已经执行的行为，取决于选择反应与停止反应二者的完成时刻孰前孰后。图 2-5 可简单说明赛马模型，曲线中央竖线的左边表示个体无法成功抑制选择反应的概率，右边是表示能成功抑制选择反应的概率。在实际任务操作中，因为 SOA 不同，图中停止反应刺激出现的时间亦不同。从中可见，个体抑制成功的概率与三个因素相关，即停止信号出现的时间、个体的停止反应时（SSRT）和选择性反应时。

图 2-5 的分布曲线是没有出现停止信号时，个体反应时的假设的分布情况。基于这个模型，如果个体对停止信号的加工先于视觉信息的加工，那么，个体的反应就会受到抑制（即会落到中间竖线的右侧）。但是如果个体对停止信号的加工晚于视觉信息的加工，那么，个体的反应就会得到执行（即会落到中间竖线的左侧）。（出自 Logan，1984）

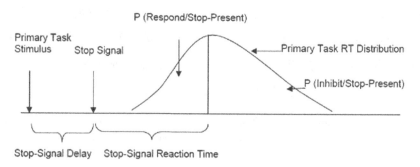

图 2-5　赛马模型以及停止反应时间的图示（stop-signal reaction time，SSRT）

第三节　干扰控制任务

对干扰进行控制（interference control）是选择性注意研究的重要内容，也是行为抑制的另外一项重要成分。个体根据操作的目的，排除干扰、保证目标实现时，就需要对干扰进行控制。在对干扰控制进行研究的过程中，研究者经常采用两种范式，一是外部干扰任务，二是内部干扰任务。外部干扰任务是指在个体进行操作的过程中，同时设置来自于任务之外的环境的干扰（如做作业的时候同时听背景噪音）；与此相反，内部干扰任务是指个体进行操作的过程中，干扰来自于任务内部（如提供某种复合刺激，这种刺激的不同维度中包含的信息是不相容的，让个体只能对一个维度进行反应而忽视刺激的其他维度）。在研究中，研究者多采用内部干扰任务，而在内部干扰任务中，采用最多的是 Stroop 任务。其他的内部干扰控制任务还包括 Navon 任务、flanker 任务以及 Garner 任务等。

一、Stroop/ 逆 Stroop 任务

（一）Stroop 任务

自 1935 年心理学家 Stroop 发表第一篇关于色与词干扰的研究（Studies of interference in serial verbal reactions）以来，Stroop 任务就被人们所熟知。在 Stroop 的研究中，他采用了三种刺激进行实验。第一种刺激是用黑色墨水书写的色词，第二种刺激是用彩色墨水书写的色词，第三种刺激是彩色的色块。

表 2-2　Stroop 实验用的刺激

刺激 1:	Purple	Brown	Red	Blue	Green
刺激 2:	Purple	Brown	Red	Blue	Green
刺激 3:					

Stroop 采用以上三种刺激进行了三个实验。在实验 1 中，他要求被试读出词语（刺激 1 和刺激 2）的名字，而同时忽略书写词语的墨水的颜色（比如，被试需要读出 "Red" 这个词，而不管它是用什么样颜色的墨水书写的）；在实验 2 中，Stroop 要求被试对刺激（刺激 2 和刺激 3）的墨水的颜色进行命名（比如，对刺激 2 中的用绿色墨水书写的 "Red" 这个词，被试需要说 "Green"，而不说 "Red"）；在实验 2 中，Stroop 测试了色词干扰的练习效应。Stroop 发现，在实验 2 中，被试对刺激 2 的色词的墨水颜色进行命名比对刺激 3 中的色块颜色进行命名需要花费更多的时间（见图 2-6），而在实验 1 中，被试读出刺激 1 中的色词与读出刺激 2 中的色词，在时间上并没有显著性差异。也就是说个体对颜色的加工受到来自词义加工的影响，而对词义的加工并不

受来自颜色加工的影响。这种词义加工对颜色加工的干扰现象就被称为 Stroop 效应。在 Stroop 效应的基础上，研究者开发了测试该效应的 Stroop 测验。现在该测验作为一种神经心理学的测验，已被广泛用于评估个体的选择性注意、认知的灵活性、加工速度以及干扰控制（e.g., MacLeod, 1991; Howieson, Lezak, & Loring, 2004; Strauss, Sherman, & Spreen, 2006; Lansbergen, Kenemans, & van Engeland, 2007）。

从图 2-6 可以看出，对色块的颜色进行命名要比对不一致性色词进行命名花费的时间更短。也就是说，对墨水的颜色进行命名受到了来自色词词义的干扰。

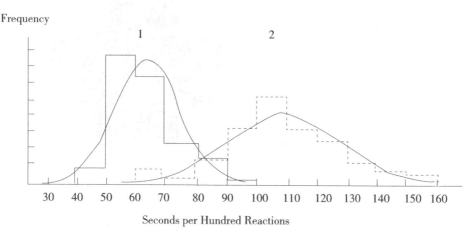

图 2-6　Stroop（1935）的实验结果（1：色块；2：不一致性色词）

（二）逆 Stroop 任务

到目前为止，我们对 Stroop 干扰的研究比较多，而对 Stroop 干扰相反过程的逆 Stroop 干扰的研究比较少。逆 Stroop 干扰指的是在不一致性色词中（如用绿色墨水书写的"红"字），对词义的加工会受到来自墨水颜色的干扰的现象。而通常情况下，在要求被试用口头反应的方式根据词义读出不一致性色词时（如不要受墨水颜色干扰，读出用绿色墨水书写的"红"字），却并不受到来自墨水颜色的干扰，即不能观察到逆 Stroop 干扰。长久以来，正因为在口头反应的条件下不能观察到逆 Stroop 干扰，所以，人们很少去关注逆 Stroop 干扰。然而，Flowers（1975）和 Durgin（2000）采用匹配反应的方法，即要求被试从几个选项中找出一个与不一致色词的词义对应的颜色时却观察到了逆 Stroop 干扰。

图 2-7 中，A 为逆 Stroop 控制条件，B 为逆 Stroop 条件。在逆 Stroop 控制条件中，采用的刺激是用黑色墨水书写的色词，要求从四个选项中选出与其词义相一致的一项。而在逆 Stroop 条件中，采用的刺激是不一致性色词（如用红色墨水书写的"蓝"）。要求个体不要受到色词的墨水颜色的干扰，从四个选项中选出与其词义相一致的一项。

图 2-7　逆 Stroop 任务（Durgin，2000）

正式实验中，右图中 blue 是用红色墨水打印的，四个角上的色块颜色分别是：右上角是绿色，右下角是黄色，左上角是红色，左下角是蓝色。

（三）Stroop 测验 / 逆 Stroop 测验

研究者对 Stroop 效应进行研究采用的测试总结起来主要有三个版本，即标准 Stroop 测验（Matthews, Zeidner, & Roberts, 2012; Stroop, 1935）、Golden Stroop 测验（Golden, 1974; Golden, 1975; Jernigan, Butters, DiTraglia, &Schafer, 1991; Golden, & Golden, 2002）以及团体 Stroop/ 逆 Stroop 测验（Hakoda & sasaki, 1990; Sasaki, Hakoda, & Amagami, 1993; Ikeda, Hirata, Okuzumi, & Kokubun, 2010; Song

& Hakoda，2011； Matsumoto，Hakoda，& Watanabe，2012）。

1. 标准 Stroop 测验

标准 Stroop 测验是基于 1935 年 Stroop 的研究而进一步进行开发的。这个测验要求被试尽快地读出 100 个普通色词（黑墨水书写）的颜色，尽快地对 100 个实体方块或者 XXXX 的颜色进行命名，尽快地对 100 个不一致色词（如用红色墨水书写"绿"，下同）的颜色进行命名，对每个项目作答的反应时就成为评估被试反应的记录指标。传统的 Stroop 测验一般采用计算差异分数（ID）的方法来评估干扰的大小。当完成项目的反应时被记录时，那么就采用完成每张色词卡的时间减去完成每张色卡的时间作为差异分数，即 ID=CW–C。另外，也有通过计算干扰率来评估干扰的大小。干扰率是对每个色块的命名时间比上对每个不一致色词的命名时间，即 IR=C/CW。IR 分数越高说明被试在对色词进行命名时，较少地受到不一致色词的干扰。

2.Golden Stroop 测验

与标准 Stroop 测验相同，Golden Stroop 测验也包括三项测试，第一项测试是读出普通色词的名字，第二项是对色块的颜色进行命名，第三项是对不一致色词的颜色进行命名。与标准 Stroop 测验不同的是，Golden Stroop 测验要求记录被试在 45 秒种内正确反应的个数，正确数就是被试的得分。另外，在干扰的计分方法上，Golden Stroop 测验也有别于标准 Stroop 测验。Golden（1978）介绍了另外一种计算 Stroop 效应的方法。他基于对 Stroop 色词的顺序加工理论，提出了一个计算干扰率的理论假设，即对不一致色词的命名时间等于读出一个普通色词的时间加上对色块的命名时间。因此，计算干扰率就需要分两步：第一步，先基于被试对普通色词（W）和色块（C）的回答成绩，去计算一个被试对不一致色词的预测分数（Predicted Color–Word Score，PCW）。被试在 45 秒的时间内对不一致色词预测分数的计算方法是：PCW=（W×C）/（W＋C）。其中，W 为在 45 秒内正确读出普通色词的个数，C 为在 45 秒内正确读出不一致色词的个数。第二步，计算 Golden 干扰分数（Golden's interference score，IG），其公式为：IG=CW–PCW。当干扰分数为正值时，说明被试在对不一致色词命名时，能够对来自词义的干扰进行控制。当干扰分数为负值时，说明被试对不一致色词的命名受到来自词义的干扰。

3. 团体 Stroop/ 逆 Stroop 测验

另一个经常被用到的测验是由日本学者 Hakoda 和 Sasaki 共同开发的新 Stroop 测验（2009）。新 Stroop 测验则采用五种颜色（黄、绿、红、蓝、黑）以及与该五种颜色对应的色词作为刺激，被试需要在 40 秒(或 60 秒)的时间内，从众多的色词或色块中找到与墨水颜色或者色词词义相匹配的选项。新 Stroop 测验包括以下 4 个分测验：分测验 1，逆 Stroop 基线测验（选择与最左边黑色色词的词义相对应的颜色）；分测验 2，逆 Stroop 测试（选择与最左边彩色色词的词义相对应的颜色）；分测验 3，Stroop 基线测验（选择与最左边颜色色块的颜色相对应的色词）；分测验 4，Stroop 测验（选择与最边左边彩色色词墨水颜色相对应的色词）。其中，分测验 1 和分测验 2 主要是用于评估逆 Stroop 效应的。在词义命名时，如果被试能够抵制来自于书写色词的墨水颜色的干扰，那么，分测验 1 和分测验 2 的得分应该互相接近；如果颜色对词义加工的干扰较大，那么分测验 1 的得分应该会显著高于分测验 2 的得分。分测验 3 与分测验 4 主要是用来评估 Stroop 效应的。这两个测验都是根据墨水的颜色选择对应的色词。在颜色命名时，如果被试能够抵制来自于色词词义的干扰，那么测验 3 和测验 4 的成绩应该是接近的，反之，则成绩差别较大。所以与上面两种测试不同的是，新 Stroop 测验采用匹配的反应方法，能够同时测试到 Stroop 效应和逆 Stroop 效应。

图 2-8 中四个分测验的作答要求如下：测验 1，请选择与色词的词义相对应的颜色；测验 2，色词的词义与书写它的颜色是不一致的，请不要受到书写它的墨水颜色的干扰，选择与色词的词义相对应的颜色；测验 3，请选择色块对应的词语；测验 4，色词的词义与书写它的颜色是不一致的，请不要受到词义的干扰，选择与书写色词的颜色相对应的词语。

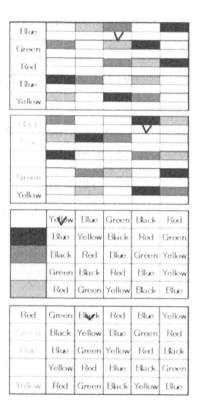

图 2-8　团体 Stroop/ 逆 Stroop 测验的四个分测验

在测验 1 中，最左侧的色词刺激是用黑色墨水打印的，后面五个选项是五种色块（黄、黑、蓝、绿、红）；在测验 2 中，最左侧的色词刺激是用与其词义不一致的墨水打印的，后面五个选项与测验 1 相同；在测验 3 中，最左侧的刺激是五种色块（黄、黑、蓝、绿、红），后面五个选项分别是色词 yellow, blue, green, black 和 red；测验 4 最左侧的测验与测验 2 中的刺激相同，选项与测验 3 相同。

（四）Stroop 效应 / 逆 Stroop 效应的神经机制

长久以来，人们一直认为 Stroop 干扰与逆 Stroop 干扰是一对对称的干扰，产生的干扰量是大致相当的，然而后来许多研究发现了两种干扰的实验性分离。如 Sasaki、Hakoda 和 Yamagami（2005）对精神分裂症病人进行了 Stroop 和逆 Stroop 测验，结果发现，与 Stroop 干扰相比，病人表现出了更多的逆 Stroop 干扰。另外，笔者也曾以注意缺陷多动障碍儿童（ADHD）为对象，研究了他们在 Stroop 测验和逆 Stroop 测验上的表现，结果表明，ADHD 儿童与普通儿童在 Stroop 干扰上并没有显著性差异，而 ADHD 儿童的逆 Stroop 干扰分数明显要高于普通儿童，即他们不能对逆 Stroop 干扰进行有效抑制（Song & Hakoda，2011）。另外，Watanabe、Hakoda 和 Matsumoto（2011）以 2745 名被试为对象，调查了各个年龄段 Stroop 干扰与逆 Stroop 干扰的发展特点。结果发现，Stroop 干扰的发展在人的整个生涯中呈现 U 型趋势，即对于年龄较小和年龄较大的人来讲，Stroop 干扰都是比较大的，在 15 岁左右 Stroop 干扰最小。与此相对，逆 Stroop 干扰在 7~8 岁时是最高的，随着年龄的增长逐渐降低，在 70~92 的人群中，逆 Stroop 效应就消失了。即对两种干扰生涯发展的研究表明，Stroop 干扰和逆 Stroop 干扰的发展机制与衰老趋势是不同的。这种差异也在有些脑成像的研究中得到了体现，如 Atkinson，Drysdala 和 Fulham（2003）对 Stroop 干扰和逆 Stroop 干扰进行了一项 ERP（event-related potential）研究，结果发现，Stroop 干扰和逆 Stroop 干扰都引起了颞叶区的 N100 以及顶叶区的 P100 的激活，但这两个指标可以区分在逆 Stroop 干扰中从一致性刺激到不一致性刺激的转换，而不能区分在 Stroop 干扰中两种刺激之间的转换。以上诸多 Stroop 干扰与逆 Stroop 干扰的实验性分离说明，两种干扰在心理机制上可能存在差异。

Song 和 Hakoda（2015）进行了一项研究，探讨了 Stroop 干扰与逆 Stroop 干扰的脑机制，结果发现，两种干扰都激活了 PFC（Pre Frontal Cortex）区域。这说明，PFC 的确是一个干扰控制的重要区域。在 Stroop 任务中，PFC 区域的激活在前人的研究中也有报告（e.g.，Bench et al.，1993；Peterson et al.，1999；Zysset，Müller，Lohmann，& von Cramon，2001；Godefroy & Rousseaux，1996；Floden & Stuss，2006；Picton et al.，2007）。与 Stroop 任务相比，逆 Stroop 任务激活了更多的区域（见图 2-9）。这说明，逆 Stroop 任务可能是一个比 Stroop 任务更能有效评估干扰抑制的任务。另外，逆 Stroop 任务激活的 BA8、BA6、BA32 区域被称为 the rostral cingulate zone（RCZ）。这个区域被认为是冲突控制以及处理不确定情况的重要区域（Ridderinkhof，

Ullsperger, Crone, &Nieuwenhuis, 2004）。图 2-9 中，（a）是逆 Stroop 任务中 ACC 的激活区域（p < 0.05）；（b）是逆 Stroop 任务中 MPFC 的激活区域（p < 0.06）；（c）是在两个兴趣点（ROIs）上，逆 Stroop 任务激活情况与 Stroop 任务激活情况的对比。

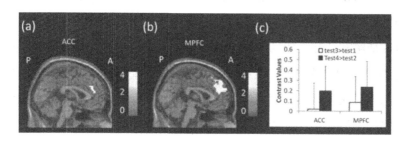

图 2-9　经过 t-test 后的大脑激活区域图

图 2-10 中，数字代表 Brodmann 区（Ridderinkhof et al., 2004）。（a）左侧线围起来的区域是 Stroop 任务激活的区域，右侧线围起来的区域是逆 Stroop 任务激活的区域。通过图 2-10 可知，Stroop 任务和逆 Stroop 任务共同激活的区域是 the middle frontal gyrus（BA 9）（额中回），而逆 Stroop 任务激活的区域是 the medial frontal gyurs（BA 8）（前额内侧回）、the middle frontal gyrus（BA 10）（额中回）和 the cingulate gyrus（BA6，BA32）。（b）为 the rostral cingulate zone（RCZ）区域。

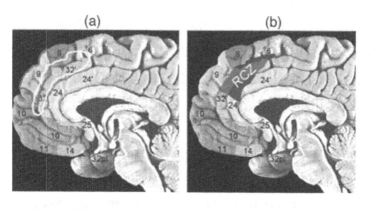

图 2-10　前额皮层（PFC）的矢状图

二、其他 Stroop 任务

（一）情绪 Stroop 任务

情绪 Stroop 任务（emotion Stroop task）是最初的 Stroop 任务的变式，该任务是用情绪词作为刺激，让被试对词的颜色进行命名，以被试的反应时为指标来研究情绪和认知之间的关系。这种方法假设情绪词会导致较高程度的激活，因此有较高程度的干扰，情绪刺激的衰退期（decay interval）长于中性刺激。当命名用不同颜色写成的"情绪词"和"中性词"的颜色时，前者的颜色命名时间要长于后者。这种情绪词语对颜色命名时所出现的干扰效应，就是情绪 Stroop 效应（Williams et al.，1996）。

人们经常采用情绪 Stroop 范式来对情绪和注意之间的关系进行研究。在对孤独症、社交恐惧症等人群的研究中，发现失调患者都有特殊类型的情绪障碍，与前面假设一致，特定的临床病人在情绪 Stroop 任务中容易把注意分散到特定类型刺激词的语义内容，因而对这类词的颜色命名的时间要长于对其他词语颜色的命名时间。这说明，被试对特定类型的词更为敏感（比如，焦虑失调者对压力词更为敏感）。

情绪 Stroop 效应与 Stroop 效应在任务类型上基本一致，即要求被试对词语的颜色进行颜色命名，所产生的反应也相似，都是由于任务词的干扰而造成的反应时的延长。但这并不表明两者就完全一样。例如，情绪词的颜色命名所造成的反应时的延迟与 Stroop 效应无关，而是由于威胁性刺激所致。Öhman，Flykt 和 Esteves（2011）从认知、社会和生理等几方面收集的证据表明，人类对于威胁性刺激都会优先安排和处理。一旦人类的专门系统或组织捕获到威胁性刺激，它优先加工该类刺激，并临时中止当前连续进行的活动。Wentura 等人（2000）认为这种对威胁的自动反应具有"自动警戒（automaticvigilance）"的特征。这些研究表明，消极信息具有绝对优势并且伴随着对连续活动的反应延迟。另外，有研究表明，经典的 Stroop 任务和情绪 Stroop 任务虽然都激活了 ACC 区域，但是，在具体的部位上还是有差异的。经典的 Stroop 任务主要激活了 ACC 的前部，而情绪 Stroop 任务主要激活了 ACC 的后部（见图 2-11）。

图 2-11 中，（a）为激活区域，（b）为抑制区域。可以把 ACC 分为两个区域，即认知区和情绪区。认知区在经典的 Stroop 或类 Stroop 任务中被激活。而在操作情绪性的任务（如 emotional Stroop）时，该区域会受到抑制（i.e., shows reduced blood flow or MR signal）。而情绪区在操作与情绪相关的任务时被激活，该区域在操作认知任务时，会受到抑制。对同一批对象进行的比较中发现了认知与情绪加工的分离。图 2-11 右侧的三角形表示个体在操作数字 Stroop 任务时激活的区域（Bush et al., 1998）。同一批人在操作情绪 Stroop 任务时，情绪区被激活（正方形）。虽然匹配的对照组人员在操作数字 Stroop 任务时，认知区域得到激活，但是 ADHD 患者在操作同样任务时，该区域却不能得以激活（左侧三角形）。

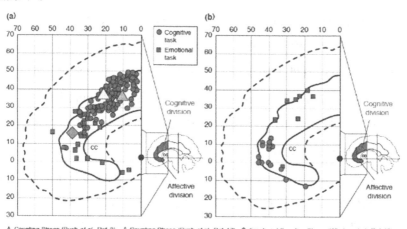

图 2-11　对众多经典 Stroop 任务和情绪 Stroop 任务对 ACC 区域激活
与抑制区域的元分析结果图

（二）数字 Stroop 任务

当比较两个数字大小的时候，数字的实际大小与数字的物理大小之间会有什么样的影响呢？我们可以采用数字Stroop任务对这一问题进行探讨。在数字Stroop任务（numberrical Stroop task）中，个体需要比较两个数学的实际大小。在比较的时候，个体可以对数字的物理大小进行控制。如个体可以设置以下两种条件：第一种为一致条件，即大的数字，物理外形也大；第二种为不一致条件，即大的数字，物理外形小。个体需要对数字的大小进行判断，而忽视数字的物理大小。一般来讲，个体对不一致条件数字进行比较的反应时间比对一致条件数字进行比较的反应时间更慢，并且更容易犯错误。这种在两种条件上的反应时间差异称为大小一致性效应（size-congruity effect）（Paivio，1975；see also Besner & Coltheart，1979；Henik & Tzelgov，1982；Tzelgov，Meyer，& Henik，1992）。

在不一致条件下，对数字大小进行比较的时候要更长，这反映了个体对数字大小加工受到了来自数字物理大小的影响。我们又可以进一步把大小一致性效应分为两种效应，即干扰效应（interference effects）和促进效应（facilitation effects）。验证这两种效应，我们可以在上面两种实验条件的基础上再加一个中性条件，即两个数字物理外形大小一样。干扰效应可以通过不一致条件下的反应时与中性条件下的反应时（或错误数）的差异来进行衡量（i.e.，the computation RT/errors incongruent-neutral）。促进效应可以通过一致条件下的反应时与中性条件下的反应时（或错误数）的差异来进行衡量（i.e.，the computation RT/errors neutral-congruent）。

当然，根据上面的设定条件，我们也可以让个体根据数字的物理大小进行判断，同样根据上面的方面来计算出干扰效应以及促进效应。在这种任务中，前人的研究也发现了这两种效应（Henik & Tzelgov，1982；Tzelgov et al.，1992；Rubinsten，Henik，Berger，& Shahar-Shalev，2002）。另外，针对儿童的数字Stroop任务的测验发现，对于1、2年级的学生已经可以观察到大小一致性效应（Girelli，Lucangeli，& Butterworth，2000；Rubinsten et al.，2002）。

（三）昼夜 Stroop 任务

昼夜 Stroop 任务（Day-Night Stroop task）来源于 Gerstadt、Hong 和 Diamond（1994）的研究。当研究者向儿童呈现画有月亮和星星的图画，要求儿童观察此图时回答"白天"；当呈现画有太阳的图时，儿童回答"夜晚"。在此实验条件下儿童正确回答的次数就是该研究的关键因变量。昼夜 Stroop 任务既可用于学前儿童又可用于学龄儿童。与此任务类似的还有绿草 / 白雪（grass/snow）任务，它要求当儿童听到白雪时用手指绿草的卡片，反之亦然。

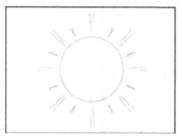 

图 2-12　昼夜任务所用的刺激举例

（图片来自：Executive functions in childhood: development and disorder–open learn–open university，http://www.open.edu/openlearn/ body–mind/childhood–youth/childhood–and–youth–studies/childhood/executive–functions–childhood–development–and–disorder）

该任务和 Stroop 任务的本质是相同的：都要求儿童抑制字面意义和视觉冲突的矛盾。但是两项任务又不完全一致，后者同时还是一个规则运用任务，即"如果你看见月亮和星星，那么你说白天；如果你看见太阳，那么你说夜晚"。因此，工作记忆在这种任务中也是不可缺少的；而 Stroop 任务则几乎没有规则运用的含义，工作记忆在其中并不重要。

三、Navon 任务

Navon 任务是一个与 Stroop 任务类似的实验范式，常用来评估个体对复合模式加工的干扰控制。所谓的复合模式（compound pattern）是指，由许多小的局部组成的一个大的整体刺激。根据局部信息的不同，可以把复合模式分为复合数字、复合字母和复合图案等。自从 Navon（1977），Stifling 和 Coltheart（1977）采用复合模式来研究个体对整体信息和局部信息的加工开始，Navon 任务开始引起关注。在 Navon 任务中，复合模式包括一致性复合模式和不一致性复合模式两种条件。前者的局部信息和整体信息是一致的，后者的局部信息与整体信息是不一致的（见图 2-13）。图 2-13 中左侧为一致性刺激，即由局部的字母（H）组成的大的字母（H）。右侧为不一致性刺激，即由局部的字母（H）组成大的字母（S）。

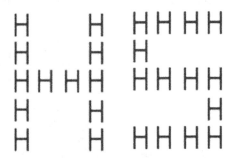

图 2-13　复合字母的例子

在实验中，Navon 发现对于普通个体来讲，他们对复合模式的整体信息加工的反应时间要快于其对局部信息加工的反应时间，即表现出了整体优势效应。另外，对于整体指向的反应而言，对一致性刺激与对不一致性刺激的反应时间没有显著差异；而对于局部指向的反应而言，对不一致性刺激的反应时间要比对一致性刺激的反应时间长。这说明，即使要求被试只注意复合模式的局部信息，个体仍然无法控制来自复合模式的整体信息的干扰。整体信息对局部信息的加工有干扰，而局部信息对整体信息的加工没有干扰，被称为整体干扰效应。整体优势效应和整体干扰效应，统称为 Navon 效应（见图 2-14）。由图 2-14 可知，指向整体的加工要快于指向局部的加工（即整体优势效应）。另外，当对不一致信息进行反应时，整体信息对指向局部信息的加工有干扰作用，而局部信息对指向整体信息的加工没有干扰作用（即整体干扰效应）。

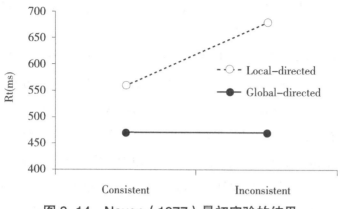

图 2-14　Navon（1977）最初实验的结果

对 Navon 效应的解释最初是基于顺序加工（successive processing）的机制，也就是个体首先对整体信息进行加工，然后才对局部信息进行加工。之后，Navon（1981）又提出了对该效应的同时性加工（simultaneous processing）的解释，即个体对复合模式进行加工时，有可能同时存在两个加工的路径，而对整体信息的加工要快于对局部信息的加工，因此，整体信息会对局部信息的加工产生干扰作用。

自从 Navon 在 1977 年发表了关于复合模式之整体加工优势效应及整体干扰效应的文章以来，许多研究都在探索与 Navon 任务相关联的大脑活动。其中最重要的发现是大脑的左右两半球在对复合模式加工上的功能不对称性，即大脑左半球在局部信息的加工上有优势，而大脑的右半球则在整体信息的加工上有优势。许多神经心理学研究指出大脑左半球指向局部信息的加工，而大脑右半球则指向整体信息的加工（Delis，Robertson & Efron，1986；Robertson & Lamb，1991；Fink et al.，1996）。另外，前人的研究也表明，右脑半球在对局部信息进行加工时，更容易受到刺激的整体信息的干扰，而大脑左半球在对整体信息进行加工时，更容易受到刺激的局部信息的干扰（e.g.，Martin，1979；Sergent，1982）。

在临床上，研究者很早就开始关注大脑两半球损伤病人对复合模式整体和局部信息的反应。当要求大脑局部损伤的病人从他们的记忆中绘制图形时（如 Rey Osterreith pattern，Rey，1941），如图 2-15 所示，右脑半球损伤的病人绘制出来的图形往往会失去原来图形的整体信息，而左脑半球受到损伤的病人更倾向于丢失原来图形的细节信息（Robertson & Lamb，1991）。也有的研究采用 Navon 任务探索脑损伤病人对复合模式的加工特点，其结果表明，左脑损伤的病人倾向于遗漏局部的字母，而那些右脑损伤的病人则倾向于忽略整体的字母或者几何模式（Delis，Robertson，& Efron，1986）。

图 2-15 中，（a）是 Rey Osterreith 模式以及由脑损伤患者根据对该模式的观察，凭记忆绘制的图形。左侧是在临床中使用的 Rey Osterreith 模式；中间是由右脑损伤患者绘制的图形；右侧是由左脑损伤的患者绘制的图形。（b）是脑损伤患者观察 Navon 刺激后，从记忆中绘制的图形。左侧是 Navon 刺激；中间是由右脑损伤患者从记忆中绘制的图形；右侧是左脑损伤患者从记忆中绘制的图形。（Robertson & Lamb，1991）

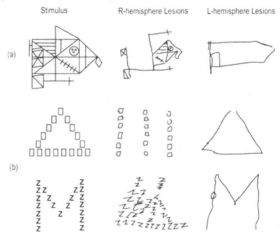

图 2-15 脑损伤与整体、局部加工

从上面的例子也可以看出，右脑损伤后，绘制的图形多关注局部信息，而左脑损伤后，绘制的图形多关注整体信息。脑损伤病人对呈现的图形根据记忆进行绘制的结果，与采用标准化的积木设计任务获得的结果是一致的。标准化的积木设计任务（standardized block design task）要求脑损伤者把一些散乱的积木摆成给定的样式。结果表明，右脑损伤者在摆放一个个分散的积木时，往往放错位置或者摆错方向（Kaplan，1976）。Rey Osterreith 模式、

Navon 模式以及标准化的积木设计任务是对个体整体加工与局部加工能力进行测查的常用工具。采用以上工具，对脑损伤病人的研究结果表现出了一致性，即特定部位损伤对于整体加工和局部加工的影响是不同的。这种一致性至少说明，负责信息整体加工和负责信息局部加工的脑区是有差异的，因此，才能表现出特定脑区损伤后，整体加工与局部加工成绩的差异。

另外，PET 研究的结果也显示，选择性注意任务中也存在整体／局部加工的半球不对称现象。例如，Fink 等（1997）采用复合字母刺激进行了一系列整体／局部加工的 PET 成像研究。在研究中，他们主要通过扫描不同指向任务中（整体指向和局部指向），相对脑区脑血流（relative regional cerebral blood flow，rCBF）来确定不同脑区对整体加工和局部加工的作用。在选择性注意任务（directed attention task）中，他们要求被试注意刺激的整体或局部水平，并报告出现在该目标水平上的字母。结果表明，整体加工显著激活了右侧舌回（right lingual gyrus），而局部加工显著激活了左侧枕下皮层（1eft inferior occipitalcortex）（见图 2-16）。

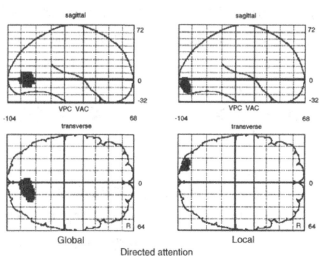

图 2-16　当指向不同任务时（整体或局部）时被试脑区 rCBF 变化的 SPM 图示

　　SPM：Statistical Parametric Mapping；VAC：Vertical plane through the anterior commissure；VPC：Vertical plane through the posterior commissure（Fink et al.，1997）.

四、Flanker 任务

Flanker 任务又称为侧抑制任务，最初由 Eriksen 等人（1974）提出。刺激由中央靶刺激（target stimulus）和两侧分心物（distractors，即 flankers）组成。实验要求个体在忽略两侧分心物的同时对靶刺激作出反应。当靶刺激与两侧分心物同时出现时，两侧分心物产生的无关信息就会对个体判断靶刺激造成干扰，主要表现为当两侧干扰刺激与靶刺激一致（如 <<<<< ）时的反应时要短于不一致（如 <<><< ）条件，这就是 Flanker 效应。

因此，Flanker 是在冲突的情况下，中心刺激受两侧干扰刺激影响的程度。被试需要对中心呈现的靶刺激进行反应，同时忽略靶刺激两边呈现的干扰刺激。

当旁侧的刺激与中间靶子方向一致时，被试的反应更快，正确率也更高（Fan，MeCandliss 等，2002），这种条件称为无冲突条件；当旁侧的刺激与中间靶子方向不一致时，被试的反应最慢，正确率也低，称为冲突条件。被试受到两侧干扰刺激的影响程度越高，则注意控制能力越低。如图 2-17 所示，实验时需要对中间箭头所指的刺激的方向进行判断。在 A 中，中间的靶刺激与两侧的刺激的方向是不一致的。在 B 中，中间的靶刺激与两侧的刺激的方向是一致的。

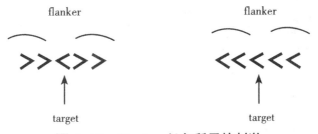

图 2-17　Flanker 任务所用的刺激

有研究发现：在经典的 Flanker 任务中，随着靶箭头之间空间距离的增加，Flanker 效应会随之减少，这一现象被称为空间距离效应（spatial distance effect，Zeef et al.，1996）。空间距离效应说明，能否注意到侧部箭头或优先加工侧部箭头会对 Flanker 效应产生明显影响。另外，Flanker 任务也有一些变式，已有研究考察过情绪 Flanker 任务，或者是采用不同的材料、方向、颜色、

形状进行判断。

　　Stroop 任务、Flanker 任务与 Simon 任务都是经典的行为抑制范式。这些范式认为冲突是源于相关维度之间的竞争，冲突的解决需要个体克服无关维度所带来的干扰，而只对相关维度作出反应，但是三者之间有一定区别。Komblum（1992）认为无关信息的处理方式主要取决于，它是与刺激相关信息重合还是与反应重合。基于这个观点，他提出了维度重合模型。根据维度重合和维度相关，他分出了 8 类任务。其中，Simon 任务属于第 3 类，即无关信息维度与反应维度有重合，而与相关信息维度不重合，在 Simon 任务中，相关信息维度是非空间维度，而无关信息维度和反应维度都是与空间信息有关。Flanker 任务属于第 4 类，即相关信息与无关信息在维度上有重合，但是二者都与反应维度无重合；Stroop 任务属于第 8 类，该类任务的特征是反应维度与相关信息或者无关信息维度有重合，相关信息和无关信息维度之间也有重合。Komblum（1994）进一步将 Stroop 任务和 flanker 任务归于基于刺激的冲突（stimulus-based conflict），Simon 任务属于基于反应的冲突（response-based conflict）。

五、Garner 任务

　　人能很容易地分别识别面部表情与面孔身份（人物信息）。认知心理学家与人工智能专家相信，面孔身份与表情信息识别之间存在着某种可分离特性，而早期的面孔识别功能模型更是将面孔身份与面部表情识别设置为相互独立的加工路径（Bruce & Young，1986）。在面孔人物与表情识别的独立和非独立加工研究中，Garner 干扰效应被证明是一个反映身份、表情识别独立程度的敏感指标，是从身份或表情识别受彼此干扰的程度上来反映两者的独立性（Ganel & Goshen-Gottstei，2004；Schweinberger & Soukup，1998；Schweinberger，Burton，& Kelly，1999），比如，身份识别受表情信息干扰的量越小则表明人物识别越独立，人物信息与表情信息的分离越容易。

　　在 Garner 任务范式中，要进行表情判断和身份判断两项任务（见图 2-18）。

身份判断任务需要被试在人物 A 和人物 B 之间进行区分。表情判断任务要求被试对两种表情（如高兴与愤怒）进行区分。身份判断任务包括两个条件：人物判断控制条件（区分无表情的人物 A 和人物 B）和身份判断变化条件（区分有表情的人物 A 和人物 B）；表情判断任务也包含两个条件：表情判断控制条件（对同一个人物的两种表情进行区分）和表情判断变化条件（对两个人物的两种表情进行区分）。Garner 效应分别通过个体在两种不同任务的两种条件上的正确完成数的比较计算出来。干扰率 =（控制条件 − 变化条件）/ 控制条件。

如图 2-18 所示，该任务包括四个条件：a，表情判断控制条件，同一个人表达了高兴和愤怒两种表情；b，表情判断实验条件，人物 A 和人物 B 表达了高兴和愤怒两种表情；c，人物判断控制条件，人物 A 和人物 B 表达了一种平静的表情；d，人物判断实验条件，人物 A 和人物 B 表达了高兴和愤怒的表情。条件 a 和条件 b 都需要对表情信息进行判断，通过条件 a 和条件 b 的比较，就可以知道人物信息对表情信息加工干扰的大小。条件 c 和条件 d 都需要对人物信息进行判断，通过条件 c 和条件 d 的比较，就可以知道表情信息对人物信息加工干扰的大小。

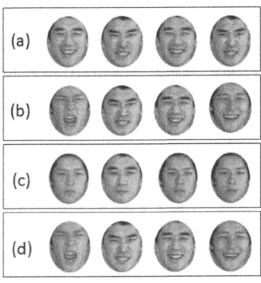

图 2-18　Garner 任务例子

Komatsu 和 Hakoda（2009）采用 Garner 任务对普通大学生的身份干扰和表情干扰的情况进行了研究。结果发现，对于普通人而言，面孔上有无表情对身份判断没有影响，而对不同人物的表情进行判断则比对同一个人物的表情进行判断需要花费更多的时间，也就是说，身份信息会对表情加工产生干扰，而表情加工不会对身份加工产生干扰（图 2-19 的 A）。也就是说身份加工独立于表情加工，而表情加工却依赖于身份加工。但是当把面孔图片倒置，再让个体进行判断时，身份信息对表情加工的干扰就消失了（图 2-19 的 B）。图 2-19 中，A 为正面呈现面孔刺激时的结果；B 为将面孔倒置进行观察的结果。将面孔倒置时，Garner 效应消失了。

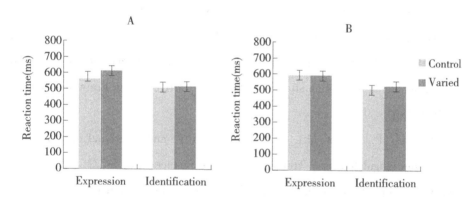

图 2-19　Garner 任务的实验结果（Komatsu & Hakoda，2009）

参考文献

Barkley，R.A.（1997）. Behavioral inhibition，sustained attention, and executive functions: Constructing a unifying theory of ADHD. Psychological Bulletin，121，65–94.

Berman，K.F.，Ostrem，J.L.，& Randolph，C.（1995）. Physiological activation of a cortical network during performance of the Wisconsin Card Sorting Test: a positron emission tomography study. Neuropsychologia，33, 1027–1046.

Bench, C.J., Frith, C.D., Grasby, P.M., Friston, K.J., Paulesu, E., Frackowiak, R.S.J., and Dolan, R.J. （1993）. Investigations of the functional anatomy of attention using the Stroop test. Neuropsychologia, 31, 907–922.

Besner, D., & Coltheart, M. （1979）. Ideographic and alphabetic processing in skilled reading of English. Neuropsychologia, 17, 467–472.

Bruce, V., & Young, A.W. （1986）. Understanding face recognition. British Journal of Psychology, 77, 305–327.

Bedard, A.C., Nichols, S., Barbosa, J.A., Schachar, R., Logan, G.D., & Tannock, R. （2002）.The development of selective inhibitory control across the life span. Developmental Neuropsychology, 21, 93–111.

Bush, G., Whalen, P.J., Rosen, B.R., Jenike, M.A., McInerney, S.C., & Rauch, S.L. （1998）. The Counting Stroop: An interference task specialized for functional neuroimaging–validation study with functional MRI. Human Brain Mapping, 6, 270–282.

Bush, G., Luu, P., Posner, M.I. （2000）. Cognitive and emotional influences in anterior cingulate cortex. Trends in Cognitive Science, 4, 215–222.

Bush, G., Valera, E.M., & Seidman, L.J. （2005）. Functional neuroimaging of attention–deficit/hyperactivity disorder: a review and suggested future directions. Biological Psychiatry, 57 （11）, 1273–1284.

Delis, D.C., Robertson, L.C., & Efron, R. （1986）. Hemispheric specialization of memory for visual hierarchical stimuli. Neuropsychologia, 24, 205–214.

Durgin, F.H.（2000）. The reverse Stroop effect. Psychonomic Bulletin & Review, 7(1), 121–125.

Eriksen,B.A.,Eriksen,C.W. （1974）. Effects of noise letters upon the identificaiton of a target letter in a nonsearch task. Perception & psychophysics, 1974, 16(1), 143–149.

Fan, J., McCandliss, B.D., Sommer, T., Raz, M., & Posner, M.I. （2002）. Testing the efficiency and independence of attentional networks. Journal of Cognitive Neuroscience, 14, 340–347.

Fink, G.R., Halligan, P.W., Marshall, J.C., Frith, C.D., Frackowiak, R.S.J., & Dolan, R.J. (1996). Where in the brain does visual attention select the forest and the trees? Nature, 382, 626–628.

Fink, G.R., Halligan, P.W., Marshall, J.C., Frith, C.D., Frackowiak, R.S.J., & Dolan, R.J. (1997). Neural mechanisms involved in the processing of global and local aspects of hierarchically organized visual stimuli. Brain, 120, 1779–1791.

Floden, D., & Stuss, D.T. (2006). Inhibitory control is slowed in patients with right superior medial frontal damage. Journal of Cognitive Neuroscience, 18 (11), 1843–1849.

Golden, Z.L., & Golden, C.J. (2002). Patterns of performance on the Stroop Color and Word Test in children with learning, attentional and psychiatric disabilities. Psychology in the Schools, 39, 489–496.

Golden, C.J. (1978). The Stroop color and word test. Chicago, IL: Stoelting Company.

Golden, C.J. (1974). Sex differences in performance on the Stroop Color and Word Test.Perceptual and Motor Skills, 39, 1067–1070.

Golden, C.J. (1975). A group version of the Stroop Color and Word Test. Journal of Personality Assessment, 39, 386–388.

Gordon, M. (1979). The assessment of impulsivity and mediating behaviors in hyperactive and non hyperactive children. Journal of Clinical Child Pschology, 21, 273–304.

Gerstadt, C.L., Hong, Y.J., & Diamond, A. (1994). The relationship between cognition and action: Performance of children 3–7 years old on a stroop–like day–night test. Cognition, 53, 129–153.

Godefroy, O., Lhullier, C., & Rousseaux, M. （1996）. Non-spatial attention disorders in patients with frontal or posterior brain damage. Brain, 119 （1）, 191–202.

Girelli,L.,Lucangeli,D.,& Butterworth,B. （2000）. The development of automaticity in accessing number magnitude. Journal of Experimental Child Psychology, 76, 104–122.

Ganel, T., & Goshen-Gottstein, Y. （2004）. Effects of familiarity on the perceptual integrality of the identity and expression of faces: The Parallel-Route Hypothesis revisited. Journal of Experimental Psychology: Human Perception and Performance, 30, 583–597.

Houghton, G., & Tipper, S.P. （1996）. Inhibitory Mechanisms of Neural and Cognitive Control: Applications to Selective Attention and Sequential Action. Brain and Cognition, 30, 20–43.

Hakoda, Y., & Sasaki, M. （1990）. Group version of the Stroop and reverse-Stroop test: the effects of reaction mode, order and practice. Kyoiku shinrigaku kenkyu （Educ Psychol Res）, 38, 389–394.

Henik, A., & Tzelgov, J. （1982）. Is three greater than five: The relation between physical and semantic size in comparison tasks. Memory and Cognition, 10, 389–395.

Ikeda, Y., Hirata, S., Okuzumi, H., & Kokubun, M. （2010）. Features of Stroop and reverse-Stroop interference: Analysis by response modality and evaluation. Perceptual and Motor Skills, 110, 654–660.

Jernigan, T.L., Butters, N., DiTraglia, G., & Schafer, K. （1991）. Reduced cerebral grey matter observed in alcoholics using magnetic resonance imaging. Alcoholism: Clinical and Experimental Research, 15, 418–427.

Kaplan, E. （1976）. The role of the uncompromised hemisphere in focal organic diseases. Paper presented at the American Psychology Association meeting,

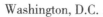

Washington, D.C.

Komatsu, S., & Hakoda, Y. （2009）. Asymmetric interference between facial expression recognition and identity recognition. The Japanese Journal of Cognitive Psychology, 6, 143–153.

Kramer,A.F.,Humphrey,D.G.,Larish,J.F.,Logan,G.D., & Strayer, D.L. （1994）. Aging and inhibition: Beyond a unitary view of inhibitory processing in attention. Psychology and Aging, 9，491–512.

Logan, G.D., & Cowan, W.B. （1984）. On the ability to inhibit thought and action: A theory of an act of control. Psychological Review, 91, 295–327.

Martin, M. （1979）. Local and global processing: The role of sparsity. Memory and Cognition, 7, 476–484.

Milner, B. （1963）. Effects of different brain lesions on card sorting. Archives of Neurology, 9, 90–100.

Matthews, G., Zeidner, M., & Roberts, R.D. （2012）. Emotional intelligence: A promise unfulfilled? Japanese Psychological Research, 54, 105–127.

Matsumoto, A., Hakoda, Y., & Watanabe, M. （2012）. Life–span development of Stroop and reverse–Stroop interference measured using matching responses.The Japanese Journal of Psychology, 83, 337–346.

Nagahama, Y., Fukuyama, H., Yamauchi, H., & Matsuzaki, S. （1996）. Cerebral activation during performance of a card sorting test. Brain, 119, 1667–1675.

Navon, D. （1977）. Forest before trees: The precedence of global features in visual perception. Cognitive Psychology, 9, 353–383.

Ozonoff, S. （1995）. Reliability and validity of the Wisconsin Card Sorting Test in studies of autism. Neuropsychology, 9, 491–500.

Ozonoff, S. （1997）. Components of executive function in autism and other disorders. In J. Russell （Ed.）, Autism as an executive disorder （pp. 179–211）. New York, USA: Oxford University Press.

Hman, A., Flykt, A., Esteves, F. (2011). Emotion drives attention : Detecting the snake in the grass. Journal of Experimental Psycholgoy: General, 130,466–478.

Pennington, B.F., & Ozonoff, S. (1996). Executive functions and developmental psychopathology. Journal of Child Psychology and Psychiatry, 37, 51–87.

Paivio, A. (1975). Perceptual comparisons through the mind's eye. Memory & Cognition, 3, 635–647.

Peterson, B.S., Skudlarski, P., Gatenby, J.C., Zhang, H., Anderson, A.W., Gore, J.C. (1999). An fMRI study of Stroop word–color interference: evidence for cingulate subregions subserving multiple distributed attentional systems. Biological psychiatry, 45,1237–1258.

Picton, T.W., Stuss, D.T., Alexander, M.P., Shallice, T., Binns, M.A., & Gillingham, S. (2007). Effects of focal frontal lesions on response inhibition. Cerebral Cortex, 17 (4), 826–838.

Rubinsten, O., Henik, A., Berger, A., & Shahar–Shalev, S. (2002). The development of internal representations of magnitude and their association with Arabic numerals. Journal of Experimental Child Psychology, 81, 74–92.

Raz, N. (2005). The aging brain observed in vivo: Differential changes and their modifiers. In R. Cabeza, L. Nyberg, & D.C. Park (Eds.), Cognitive neuroscience: Linking cognitive and cerebral aging (pp.17–55).New York:Oxford University Press.

Robertson, L.C.,& Lamb, M.R. (1991). Neuropsychological contributions to theories of part/whole organization. Cognitive Psychology, 23, 299–330.

Rey, A. (1941). L'examen psychologique dans les cas d'encephalopathie traumatique. Arch Psychol, 28, 286–340.

Ridderinkhof, K.R., Ullsperger, M., Crone, E.A., & Nieuwenhuis, S. (2004). The role of the medial frontal cortex in cognitive control. science, 306 (5695), 443–447.

Simon, J., Richard, Paul, E., Sly, & Sivakumar Vilapakkam.（1981）. Effect of compatibility of SR mapping on reactions toward the stimulus source. Acta Psychologica, 47（1）, 63–81.

Sergent, J.（1982）. The cerebral balance of power: confrontation or cooperation? Journal of Experimental Psychology: Human Perception and Performance, 8, 253–272.

Stifling, N., & Coitheart, M.（1977）. Stroop interference in a letter naming task. Bulletin of the Psychonomic Society, 10, 31–34.

Stroop, J.R.（1935）. Studies of interference in serial verbal reactions. Journal of Experimental Psychology, 18, 643–662.

Sasaki, M., Hakoda, Y., & Amagami, R.（1993）.Schizophrenia and reverse–Stroop interference in the group version of the Stroop and reverse–Stroop test.The Japanese Journal of Psychology，64, 43–50.

Song, Y., & Hakoda, Y.（2011）. An asymmetric Stroop/reverse–Stroop interference phenomenon in ADHD. Journal of Attention Disorders, 15（6）, 499–505.

Song, Y., & Hakoda, Y.（2015）. An fMRI study of the functional mechanisms of Stroop/reverse–Stroop effects. Behavioural Brain Research, 290, 187–196.

Schweinberger, S.R., & Soukup, G.R.（1998）. Asymmetric relationships among perceptions of facial identity, emotion, and facial speech. Journal of Experimental Psychology: Human Perception and Performance, 24, 1748–1765.

Schweinberger, S.R., Burton, A.M., & Kelly, S.W.（1999）.Asymmetric dependencies in perceiving identity and emotion: experiments with morphed faces. Perception and Psychophysics, 61, 1102–1115.

Tzelgov, J., Meyer, J., & Henik, A.（1992）. Automatic and intentional processing of numerical information. Journal of Experimental Psychology: Learning, Memory and Cognition, 18, 166–179.

Tipper, S.P., & Driver, J.（1988）. Negative priming between pictures and words in a selective attention task: Evidence for semantic processing of ignored stimuli. Memory & Cognition, 16（1）, 64–70.

Williams, J.M.G., Mathews, A., MacLeod, C.（1996）.The emotional Stroop task and psychopathology. Psychological Bulletin, 120, 3–24.

Wentura, D., Rothermund, K., Bak, P.（2000）.Automaticvigilance:The attention –grabbing power of approach and avoidance related social information. Journal of Social Psycholgoy, 78, 1024–1037

Zeef, E.J., Sonke, C.j., Kok, A., et al.（1996）. Perceptual factors affecting age-related differences in focused attention: performance and psychophysiological analyses. Psychophysiology, 33（5）, 555–565.

Zysset, S., Müller, K., Lohmann, G., & von Cramon, D.Y. （2001）. Color–word matching Stroop task: separating interference and response conflict. Neuroimage, 13（1）, 29–36.

第三章　行为抑制的心理与脑机制

第一节　冲突监控理论

当人们面对复杂的环境时，需要能够快速有效地将行为与当前的环境结合起来，灵活地调整自己的行为，达到预定的目标。这个过程中，行为抑制是必不可少的。然而，行为抑制的心理机制是什么呢？

关于行为抑制的心理机制一个比较重要的理论是由 Botvinick 等人（1999，2001）提出的冲突监控理论（conflict monitoring theory）。该理论认为，行为抑制在于发现当前复杂情境中的冲突，并且通过人脑中存在的特定区域来对信息加工中的冲突进行检测和监控；该冲突信号在认知控制中引发对其信息加工的策略调整，使之得到解决，并在接下来的任务中防止冲突的发生。

针对该理论，Carter 等人（1998，2000）明确区分了冲突监控和执行控制两个过程。他们认为，冲突监控是对当前信息加工过程中的各种表征或者目标进行简单的评估，并将内部和外界信息结合起来。冲突监控的结果用来指导其他具体的执行部位以实现对行为的调节控制；执行控制是一种资源有限的自上而下的加工过程，是基于经过冲突监控后得到的评估结果而发出的一系列的命令和目标来实现的。

该理论强调认知冲突监控过程中的两个成分：一是评价成分，该成分负责该成分的区域主要在前扣带回（ACC）。该成分用来检测情境中各种类型的冲突，冲突越大则该区域的激活程度越强。当发现冲突时就发出冲突信号，并对其他脑区产生兴奋或抑制作用，并且还可以检测错误反应，在错误反应的情况下也会被激活。二是执行成分，该成分负责的区域主要在背前额皮层（PFC），该区域主要是工作记忆的中央执行区域，负责目标与规则的表征、保持自上而下的注意和任务操作等认知活动。前额皮层是通过加强与当前任务有关的自上而下的注意来整合内部和外界的信息进而解决问题的。在该理论看来，前扣带回主要负责检测信息加工进程中的冲突信号，并将信号传递到前额皮层以及其他区域来对行为进行调节和控制。

第二节　冲突监控理论的行为依据

围绕着冲突监控理论，在行为结果上有两个效应被认为反映了该理论：一个是一致性效应（congruency effect），另外一个是冲突适应性效应（conflict adaptation effect）（Botvinick，1999）。在 Flanker 任务中，个体需要忽略两侧的干扰刺激，只判断中间的靶刺激的方向。通过对行为数据的分析发现，在 Flanker 任务中不一致的试次（trial），即两侧干扰刺激与靶刺激的方向不一致时的反应时，要比两者一致时的反应时要长，这种效应就是一致性效应。该效应在 Simon 任务以及 Stroop 任务中也被证实，即不一致的条件下比一致的条件下反应要慢。

冲突适应性效应指的是任务无关信息对任务相关信息加工的干扰程度随着试次序列的变化而变化的现象。Kerns 等人（2004）研究发现，不一致的试次，即不相容试次后的试次比相容试次后的试次的冲突要少。前一个试次一致且当前试次不一致的情况下，个体产生的冲突较大是由于前一个试次是相容的，所以个体的认知控制较低。因此，当前不一致的试次引发的冲突较高；前一个试次不一致且当前试次也不一致的情况被认为是由于前一个试次引发

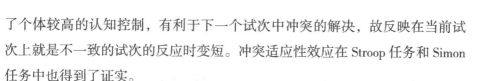

了个体较高的认知控制，有利于下一个试次中冲突的解决，故反映在当前试次上就是不一致的试次的反应时变短。冲突适应性效应在 Stroop 任务和 Simon 任务中也得到了证实。

由于冲突适应性效应被认为是支持冲突监控理论的证据，所以，根据该理论，改变一致性试次和不一致性试次的比例也会对冲突解决造成影响。Carter 等人（2000）在 Stroop 冲突中通过控制一致的试次和不一致的试次出现的比例来操作个体的期待，实验设置了两种情景：一种情景是 80% 的试次是一致的试次，另外一种情景是 20% 的试次是一致的试次。结果表明，在一致试次较多的情况下，引发了个体较低的认知控制水平，因此不一致试次的冲突水平较高，解决时间较长；而在不一致试次较多的情况下，引发个体较高的认知控制水平，使得不一致试次的冲突水平较低，反应时较短。该结果也证实了冲突监控理论的假设。

第三节 冲突监控理论的脑科学证据

围绕着冲突监控理论的脑科学研究都发现前扣带回和前额皮层均参与了冲突控制。前扣带回在冲突解决过程中的作用主要体现在两个方面：一是前扣带回监控冲突的出现，并且整合内部和外界的信息将信号传递到背外侧前额皮层来解决冲突；二是负责监测错误，面对出错时提供信号进而解决冲突（van Veen et al., 2001; Yeung et al., 2004）。前额皮层在冲突解决过程中更多的是负责冲突解决策略的调整以及具体的解决冲突的执行控制（Ullsperger & Voncramon, 2001; Yeung et al., 2004; Keil, et al., 2001）。

根据冲突监控理论的假说，当前扣带回检测到冲突时就发生信号，进而对不同的脑区起到了兴奋或抑制的作用，也就是说前扣带回（ACC）对冲突的出现是非常敏感的（见图 3-1）。已有研究发现前扣带回在 Flanker 任务、Stroop 任务还有 Go-no go 任务中都会有激活。Milham（2003）发现 Stroop 任务中前扣带回只有在不一致的 trial 的条件下才会出现激活。除了冲突检测的功能，前扣带回还负责检测错误。对冲突序列中的错误 trial 的分析发现，在错误反应出现后的 50~150ms 脑波会出现负偏转。该成分被称为错误关联负波 ERN（error-related negavity）（Gehring，1993；Dehaene et al.，1994）。尽管在不同的冲突情境中，ERN 的波幅可能有所不同，但是其潜伏期基本保持稳定，对 ERN 的源定位研究发现，该成分源于前扣带回。冲突监控论认为在错误反应之后，对该冲突的加工仍在继续，因此正确反应的表征被激活，与错误反应的表征相冲突，因此 ERN 反应了此种情况下的冲突水平，该成分源于前扣带回，这与 fMRI 发现的前扣带回出现激活的结果相一致。因此可以认为，前扣带的激活仍旧与冲突水平有关，负责信息加工过程中的冲突检测。图 3-1 中，分布的散点的颜色代表 Stroop 任务的反应方式。其中菱形代表口头反应，正方形代表动手反应，圆形代表眼动反应。这三种反应方式下，Stroop 任务都激活了前扣带回的广泛区域。

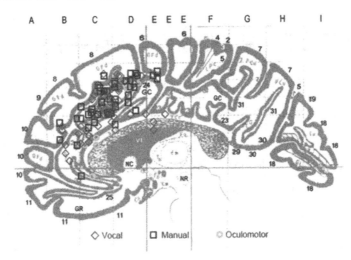

图 3-1 前人 30 项关于 Stroop 任务的 ACC 区域的激活图

（Modified with permission from Barch et al，2001）

已有研究发现，前额皮层负责解决冲突和评估执行控制。Gehring 和 Knight（2000）研究发现，存在大脑左侧前额皮层损伤的病人在面对冲突时，相比正常人更容易出现错误，并且对错误反应的纠正也表现较差。但是在出现错误后操作减慢的过程没有受到影响。该结果认为病人仍然能够很好地检测到冲突的出现，但是无法控制冲突的解决，抵抗无关信息干扰的能力较弱。冲突检测能力完好，但是冲突解决能力减弱可能与前额皮层损伤有关，是由于前额皮层接收到前扣带回传递的关于内部和外部环境中有关信息与无关信息不一致的信号，经过对冲突的评估后发出一系列的命令来执行控制，使得无关信息的表征被减弱或者相关信息的表征被加强，进而解决冲突。而前额皮层受损可能造成了与任务有关的信息表征被减弱，无关信息的表征被加强，导致病人难以作出正确的判断。

以往关于冲突控制的许多研究均发现了前扣带回和前额皮层的激活。冲突监控理论认为前扣带回负责检测冲突信号，然后将信号传递到前额皮层，由前额皮层来执行具体的冲突解决。因此，可以推测前扣带回要先于前额皮层被激活（Durston et al., 2003），许多研究表明了当冲突出现时，会出现前扣带回的激活，并且与冲突监控有关的前扣带回的活动能够在很大程度上预测前额皮层的活动（Carter et al., 1998）。Durston 等人（2003）研究发现，前扣带回能够检测到信息加工过程早期出现的冲突，之后，背外侧前额皮层被激活并一直维持较高的激活水平，进而通过自上而下的注意调整冲突处理策略，引起了顶叶的激活。Botvinick 等人（2001）研究发现，前扣带回能够检测到冲突的出现，进而由背外侧前额皮层产生更强的控制作用。Braver（2003）认为环境中的冲突被前扣带回检测到，经过评估后，冲突信息被传递到前额皮层，前额皮层进而通过自上而下的注意调整了冲突解决的策略，使得冲突水平降低，冲突水平降低后，前额皮层的激活水平也降低了。但是也有研究并不支持前扣带回和前额皮层的先后关系，Badgaiyan 等人（1998）研究发现前额皮层在刺激出现后的 200ms 就会激活，而前扣带回直到刺激出现后的 300ms 才会出现激活。也有研究发现额下皮层（inferior frontal cortex, IFC）要比前扣带回的激活出现得早。从这些研究结果可以推测出在时程上，前扣带回要比前额皮层激活出现得晚，前扣带回对前额皮层解决冲突、调节冲突更多的是起到了补充的作用。

综上所述，前扣带回和前额皮层在冲突解决过程中起到了非常重要的作用，但是冲突控制的过程是需要多个脑区联合起来共同作用的。因此除了前额皮层和前扣带回，额极皮层、额下回、顶叶以及前运动区等脑区都会参与到冲突控制中来。

参考文献

Barch, D.M., Braver, T.S.,Akbudak, E., Conturo, T., Ollinger, J., & Avraham Snyder, A. （2001）. Anterior cingulate cortex and response conflict: Effects of response modality and processing domain. Cerebral Cortex, 11, 837–848.

Botvinick，et al.（1999）. Conflict monitoring versus selection–for–action in anterior cingulate cortex. Nature， 402（67）， 179–180.

Botvinick, M.M., et al. （2001）. Conflict monitoring and cognitive control. Psychological Review, 108（3）, 624

Braver, T.S., Reynolds, J.R., Donaldson, D.J. （2003）. Neural mechnisms of transient and sustained cognitive control during task switching. Neuron, 39(4), 713–726.

Badgaiyan, R.D., & Posner, M.I. （1998）. Mapping the cingulate cortex in response selection and monitoring. Neuroimage, 7（3）, 225–260.

Carter, C.S., Macdonald, A.M., Botvinick, M., Ross, L.L., Stenger, V.A., Noll, D., & Cohen, J.D. （2000）.Parsing executive processes: Strategic vs. evaluative functions of the anterior cingulate cortex. Proceedings of the National Academy of Sciences of the United States of America, 97, 1944–1954.

Carter, C.S.,et al.（1998）. Anterior cingulate cortex, error detection, and the online monitoring of performance. Science, 280（53）, 747

Dehaene, S., Posner, M.I., & Tucker, D.M.（1994）. Localization of a neural system for error detection and compensation. Psychological Science, 5（5）,

303–305.

Durston, S.et al. (2003) . Parametric manipulation of conflict and response competition using repid mixed–trial event–related fMRI.Neuroimage, 20 (4) :2135–2141.

Gehring, W.J., & Knights, R. (2000) . Prefrontal–cingulate interaction in action monitoring. Nature Neuroscience, 3, 516–520.

Gehring, W.J., et al. (1993) . A neural system for error detection and compensation. Psychological Science, 4 (6) , 385.

Kerns, J.G., et al. (2004) . Anterior cingulate conflict monitoring and adjustments in control. Science, 303 (56) , 1023.

Keil, A., et al. (2001) . Effects of emotional arousal in the cerebral hemisphere: A study of oscillatory brain activity and event–related potentials. Cllinical Neurophysiology, 112 (11) , 2057–2068.

Ullsperger, M., & Voncramon, D.Y. (2001) .Subprocessed of performance monitoring: a dissociation of error processing and response competition revealed by event–related fMRI and ERPs. Neuroimage, 14 (6) , 1387–1401.

Van Veen, V., et al. (2001) . Anterior cingulate cortex, conflict monitoring and levels of processing. Neuroimage, 14 (6) , 1302–1308.

Yeung,N.M.,Botvinick,& Cohen,J.D. (2004) . The neural basis of error detection conflict monitoring and the error–related negativity. Psychological Review, 111 (4) , 931.

第二部分　行为抑制的病理学研究

第四章　注意缺陷多动障碍
与色词加工

第一节　注意缺陷多动障碍与行为抑制

一、注意缺陷多动障碍及其核心障碍

注意缺陷多动障碍（Attention-Deficit Hyperactivity Disorder，ADHD or AD/HD）是一种常见的神经行为性的发展障碍，通常患者在儿童期就可以得到诊断（Zwi，Ramchandani，&Joughin，2000；National Institute of Neurological Disorders and Stroke[NINDS]，2008）。这个谱系的障碍主要表现出不安静、多动、不注意、组织能力差、缺少毅力以及冲动性强等症状（Nadeau，1995）。就全球来讲，ADHD 儿童大约占儿童总数的 3% ~5%（Nair，Ehimare，Beitman，Nair，& Lavin，2006）。在学龄儿童中，ADHD 儿童的发生率为 2% ~16%（Rader，McCauley，& Callen，2009）。随着年龄的增长，ADHD 患者在儿童期的症状还可能延续到成年。对 ADHD 患者的跟踪研究发现，75% 以上的 ADHD 患者

在成年时也会表现出儿童期的临床症状（e.g., Weiss, Hechtman, Milroy, & Perlman, 1985; Weiss & Hechtman, 1993）。

（一）ADHD 的子类型

美国精神障碍诊断与统计手册（DSM-V; American Psychiatric Association [APA], 2013）把 ADHD 障碍分为三个子类型：注意缺陷障碍（ADHD, predominantly inattentive type, ADHD-I/ADD）、冲动、多动障碍（ADHD, predominantly hyperactive-impulsive type, ADHD-H/HD）以及联合型障碍（ADHD, combined type, ADHD-C）。

（二）ADHD 研究的主要历史

对 ADHD 的研究历史已经在前人的研究中有所述及（Barkley, 1990; Schachar, 1986; Werry, 1992），在此就不再回顾。在最近 10 年里，研究者提出了一个新的 ADHD 的缺陷理论，即行动抑制缺陷学说（Quay, 1988; Barkley, 1997）。Quay（1988）认为，ADHD 症状的产生可能是由于行为抑制系统（behavioral inhibitory system, BIS）的活动相对低下造成的。基于此，Barkley（1997）又提出了一个更新的 ADHD 的模型。在这个模型中，Barkley 指出，作为个体执行功能重要过程之一的行为抑制（behavioral inhibition）的缺陷可以说明 ADHD 的主要症状。这个模型认为，行为抑制主要与三个过程有关：对优势反应的抑制（如某些反应曾经受到了强化）、对正在进行的反应的停止（如停止正在进行的反应，延迟进行反应）和干扰控制（如使反应不受无关刺激或事件的干扰）。行为抑制的缺陷可以导致神经心理能力的四个次生缺陷，即工作记忆的缺陷、自我对情绪动机以及唤醒的管理缺陷、内部言语、重建能力等方面的缺陷。另外，Barkley（1998）又补充说，抑制能力的缺陷可以说明 ADHD 中的许多症状。行为抑制功能三个方面的缺陷导致了注意分配、注意维持、注意转换（表现为注意缺陷症状）等方面的障碍。这也导致了不适当的动力控制、行为序列的紊乱（多动性症状）以及不适当的行为唤起（冲动性症状）等方面的缺陷。

来自行为观察以及心理学的研究成果为 ADHD 的行为抑制缺陷理论提供了依据。在早期关于 ADHD 障碍的研究中，行为抑制缺陷的证据多来自于行为观察。在行为观察的过程中，研究者发现 ADHD 患者总是迫不急待地进行反应，并且他们很难等到轮到自己的时候才发言（Barkley，1997）。后来，更多的关于行为抑制的研究开始强调认知领域的功能。有研究者采用心理学的范式对 ADHD 患者的行为控制进行测试，结果表明与普通被试相比，ADHD 患者在连续作答的任务（continuous performance tasks）上，更倾向于犯错误。这也说明，ADHD 患者很难控制自己的反应（Klee & Garfinkle，1983；Gorenstein，Mammato，& Sandy，1989；Lubow & Josman，1993）。另外，反应—停止任务（go–no go task）和停止信号任务（stop–signal task）也常被用来测试个体的行为抑制功能。前人的研究表明，ADHD 患者在这两项任务上的表现要比普通被试差（Schachar，Tannock，&Logan，1993；Oosterlaan & Sergeant，1995；Nigg，1999；Schachar et al.，2007）。在对优势反应进行抑制的任务上，先前的研究结果也表明 ADHD 患者不能像普通被试一样灵活地对优势反应进行抑制（Lubow & Josman，1993；Houghton & Tipper，1996）。综上所述，近年关于 ADHD 患者行为抑制的大量研究都充分证明了 ADHD 患者存在行为抑制功能的缺陷。

自从 ADHD 反应抑制缺陷假设提出之后，研究者就希望在临床上找到一种能够用于评估反应抑制水平的工具。Stroop 测验由于简便易行，所以在 ADHD 研究中被最广泛应用开来。Stroop 测验是基于 Stroop 效应而编制的，即当命名用红墨水写成的色词（如"绿"）和色块时，命名前者比命名后者需要更多的时间。这种同一刺激的两个维度（如颜色的红和词义的绿）相互干扰的现象就是 Stroop 效应。现在该测验作为一种神经心理学的测验，已被广泛用于评估个体的选择性注意、认知的灵活性、加工速度以及干扰控制（e.g.，MacLeod，1991；Howieson，Lezak，& Loring，2004；Strauss，Sherman，& Spreen，2006；Lansbergen，Kenemans，& van Engeland，2007）。

前人有研究表明,包括前额叶(Prefrontal Cortex,PFC)和前扣带回(Anterior Cingulate Gyrus, ACC)在 Stroop 干扰控制中起重要作用(Carter et al., 2000; Macleod & MacDonald, 2000; Swick & Jovanovic, 2002; Botvinick, Cohen, & Carter, 2004; Badzakova-Trajkov, Barnett, Waldie, Kirk, Waldie, & Kirk, 2009)。另外,也有研究表明,ADHD 患者在 ACC 的活动上存在障碍(Emond, Joyal, & Poissant, 2009)。以上脑科学的相关研究表明,Stroop 测验是一项对 ADHD 患者进行鉴别的有效工具。然而 Stroop 测验在 ADHD 群体中的应用效果如何,至今为止,尚没有人对此进行系统的综述研究。因此,本研究将对在 ADHD 患者评估中产生的各种问题,如 Stroop 测验的应用、评估的结论以及存在的争议等进行综述,最后以期对 ADHD 的干扰控制的评估领域未来的研究提出建议。

二、ADHD 中 Stroop 干扰研究的主要结论

在 Stroop 测验被应用于临床之后,研究者以 ADHD 患者为对象进行的 Stroop 效应的研究日益增多,但是研究结果不尽一致,甚至完全相反。

(一)ADHD 儿童和普通儿童 Stroop 干扰有显著差异

Carter(1995)选择 19 名 9~12 岁的 ADHD 儿童进行 Stroop 测试,在测试中,他分别设计了三个任务:任务一,一致性色词任务(如用红色的墨水书写"红");任务二,不一致性色词;任务三,中性词(如用红色的墨水书写动物的名字,如"狗")。通过不一致性色词和中性词之间反应时的差异来判断干扰的程度。结果发现,在不一致性色词的判断上,ADHD 儿童明显更容易受到无关刺激的干扰。Slaats(2003)采用传统的 Stroop 测验,对 25 名 6~17 岁的 ADHD 儿童和普通儿童为进行测试。对两组的简单对比发现,ADHD 组对颜色的命名受词义的干扰更大。Savitz 和 Jansen(2003)选择 36 名 8~10 岁的 ADHD 儿童作为进行控制组—对照组实验的被试。在实验中,他

们设计了不一致色词的材料让被试完成两项任务，第一，尽快读出这些色词的名字，记录儿童的反应时间；第二，对书写这些色词的颜色进行命名，记录命名的正确率。结果发现，普通学生在这两项任务上的反应都明显要优于ADHD组，表现出了对干扰较高的控制水平。Scheres 等人（2004）选择 6~12岁的 18 名 ADHD 儿童进行了 Stroop 测试，他采用同 Slaats（2003）相类似的任务，同样发现 ADHD 儿童的 Stroop 的干扰要更加明显。Barkley（1992）撰文指出：尽管这些研究的文化背景不同，样本的选择以及样本的大小均存在差异，但测试的结果竟然如此一致，这充分说明了 ADHD 儿童对干扰抑制的缺陷。

（二）ADHD 儿童和普通儿童 Stroop 干扰不存在显著差异

然而，也有研究者对ADHD儿童的Stroop效应的研究却得到了相反的结论。Gaultney（1999）等人也针对 ADHD 儿童的干扰控制问题设计了一项实验。他选择 29 名 8~15 岁的 ADHD 儿童进行实验，在实验中他设计了色卡和不一致色词卡两项任务，每项任务各有 30 道题。在实验中他要求被试对色卡上面的色块以及色词墨水的颜色进行命名并记录被试在每个项目上的反应时间。但他的测试结果却发现，ADHD 儿童受干扰的程度并不比普通儿童要高。除此之外，Perugini（2000）等人以 21 名 6~12 岁的 ADHD 儿童为被试进行研究，他采用与 Slaats（2003）的研究同样的三个任务各 20 个项目进行 Stroop 测试。结果表明，ADHD 儿童与普通儿童之间不存在显著性差异。Schmitz（2002）等人以传统的 Stroop 测验为工具，对 12~16 岁的三个类型的 30 名 ADHD儿童进行测试，结果发现，在对不一致性色词的命名上，仅仅是注意缺陷（ADHD-I）的儿童与普通儿童之间存在显著性差异，其他两个类型（ADHD-H与 ADHD-C）与对照组相比较均不存在显著性差异。另外，Golden（2002）等人选择了 43 名 6~15 岁 ADHD 儿童进行了一项研究，结果显示虽然对不一致色词的命名测验上他们的得分比较低但是 ADHD 儿童的干扰程度并不比普通儿童高。

神经影像学的研究表明，当被试在进行类似 Stroop 任务的时候，大脑前扣带皮层（Anterior Cingulate Cortex）、额极（Frontal Pole Cortex）等相关的区域会被激活（Adleman et al.，2002），而大脑额叶（Frontal Cortex）的功能损害又被认为是导致 ADHD 诸多病理表现的原因之一（Barkley，Grodzinsky，& DuPaul，1992）。也就是说，如果 ADHD 患者大脑额叶功能损害假设正确的话，那么，ADHD 儿童在 Stroop 测试的回答上理应会比普通儿童要差。而在众多的 Stroop 测试中却可到完全矛盾的结论，这的确让人费解。

为什么 ADHD 群体的 Stroop 效应研究的结果差异会如何之大呢？笔者在综合分析先行研究之后认为：样本的大小、选择被试的规格、选择被试类型的差异等都可以对 Stroop 测试的结果产生影响，但最主要的影响来源于测试工具的不同以及不同测试工具的评分方法的差异。通过以上分析可知，对 ADHD 儿童进行 Stroop 效应的不同研究中，不同的研究采用的测试工具往往不同，如 Carter（1995）、Slaats（2003）、Scheres 等 人（2004）、Perugini（2000）、Schmitz（2002）、Savitz 和 Jansen（2003）等采用的是传统 Stroop 测试或者其变式，而 Gaultney（1999）、Golden（2002）等人采用的则是 Golden Stroop 测试。Stroop 效应的计算方法对结果的分析有重要影响。Mourik，Oosterlaan 和 Sergeant（2005）对 ADHD 患者的 Stroop 干扰的问题进行了一项元分析，结果表明：当以读色卡的分数和读色词的分数之差作为干扰率指标时，在 ADHD 组和普通组之间不存在显著性差异。这说明，Stroop 干扰的结果受到计分方式的影响。

三、ADHD 中 Stroop 效应研究的争议

基于上述结论，学术界对于 ADHD 中 Stroop 测验的应用还存在较大争议。综述已有的观点，争议主要集中在以下两点。

（一）Stroop 测验能否作为 ADHD 的诊断工具

许多研究者在研究 ADHD 患者的 Stroop 效应时，希望能够发现 ADHD 患

者与普通群体在测试分数方面的差异，进而证实 Stroop 测试是一个能够用于 ADHD 临床诊断的工具。然而，正如笔者在前面所总结的那样，不同研究的 ADHD 患者的 Stroop 干扰结果不尽一致，而且有些研究得到了完全相反的结论。到目前为止，学者对能否采用 Stroop 测验作为诊断 ADHD 患者的工具上仍没有达成一致。反对的意见认为：第一，在 Stroop 测验上 ADHD 患者并没有比普通群体表现出更大的干扰，他们可以得到和普通群体一样的分数；第二，自闭症、学习困难等其他障碍患者在 Stroop 测验中，同样表现出较高的干扰水平。也就是说，即使 ADHD 患者在 Stroop 测验上的干扰分数较高，Stroop 测验也不能将 ADHD 患者与其他障碍区分开来。

（二）Stroop 测验能否反应 ADHD 患者对干扰的控制水平

研究者对 Stroop 测验分数的意义也颇有微词。有人认为即使 ADHD 患者与普通群体相比在 Stroop 测验分数上有差异，这种差异是否就能说明 ADHD 患者对干扰的控制能力较差？传统的 Stroop 测验多基于口头反应，即要求被试读出词语或者对书写词语的墨水颜色进行命名。但是研究者却发现许多 ADHD 患者存在口头命名缺陷，即与普通群体相比 ADHD 患者对词语的命名速度较慢。也就是说，ADHD 患者在对色词命名的分数之所以较低，很可能是由于他们口头命名速度较差造成的，而不是由于色和词的互相干扰造成的。所以要证明 ADHD 患者存在对干扰控制的缺陷，那么必须要对被试词语命名速度的变量加以控制。

四、总结与建议

在 ADHD 的研究中，常用 Stroop 测验来评估 ADHD 对干扰的抑制能力。其实，在对这种能力进行评估时，除了 Stroop 测验，还有许多其他的工具可供选择，如 Go-no go 的实验范式（Iaboni, Douglas, & Baker, 1995）、停止信号任务（Stop-signial task）（Schachar, &Logan, 1990）、延迟反应任务（delayed response tasks）（Gordon，1979）等。综合使用多种评估工具，使评估效果相互印证，有助于提高 Stroop 测验对 ADHD 患者的研究结论的有效性。另外，也要同时关注 ADHD 障碍诸子类型 Stroop 效应的研究。前面提到，测试工具和评分方法会影响到对 ADHD 患者的 Stroop 效应评估的结果。同时，我们不能忽视 ADHD 障碍的类型差异可能对 Stroop 效应的影响。目前，对 ADHD 障碍的研究多囿于对 ADHD 障碍的联合型以及冲动多动型（HD）的研究，注意缺陷型（ADD）却被排除在 Stroop 效应的研究之外。Barkley（1997）指出，他提出的 ADHD 的抑制缺陷模型只限于 ADHD 联合型以及冲动多动型，这可能是研究者产生这一研究倾向的原因。Schmitz（2002）等人的研究表明，发现单纯的注意缺陷型患者与 ADHD 的联合型患者在对干扰的控制上存在一定差异。因此，非常有必要对 ADHD 的三种子类型进行区分，细化对 ADHD 患者的 Stroop 效应的研究。

第二节　注意缺陷多动障碍与逆 Stroop 干扰

一、研究的背景与目的

正如笔者在前面讨论的那样，ADHD 是一种神经发育障碍。虽然我们不能确切地知道 ADHD 的病因，但是许多研究都报告了 ADHD 存在注意缺陷、冲动多动性以及执行功能方面的损害。其中执行功能的损害又包括行为抑制（Barkley，1997）、工作记忆、计划性、时间管理以及情绪控制等（Pennington & Ozonoff，1996；Sergeant，Geurts，& Oosterlaan，2002）。

很长时间以来，许多研究者都用 Stroop 任务探讨 ADHD 患者对干扰的控制能力，但是研究结论却很不一致。有些研究发现，ADHD 患者会比普通人表现出更多的 Stroop 干扰，但也有些研究发现，ADHD 患者的 Stroop 干扰和普通人之间没有显著性差异。例如 Slaats-Willemse，Swaab-Barneveld，de

Sonneville，van der Meulen 和 Buitelaar（2003）对 ADHD 患者和普通人进行了一个简单的对比，结果发现了两组在 Stroop 干扰上的显著性差异。ADHD 患者比普通人在加工不一致性色词任务时需要花费更多的时间。也有些研究发现，ADHD 患者比普通人在控制条件的 Stroop 任务和不一致性条件的 Stroop 任务中，操作更差（Savitz & Jansen，2003；Homack & Riccio，2004）。

然而，也有些研究得到了完全相反的结论，他们认为 ADHD 患者和普通人一样，都可以对 Stroop 效应进行良好控制。例如，Hervey，Epstein 和 Curry（2004）研究发现，ADHD 个体基本上表现了与普通个体相同的 Stroop 干扰水平。基于众多此类研究，Van Mourik 等（2005）总结认为，ADHD 患者与普通人在 Stroop 干扰的控制上没有显著性差异。

这些研究，在结论上的差异可能有两方面的原因：第一，对 ADHD 患者的 Stroop 效应的研究没有考虑区分 ADHD 障碍的三个不同的子类型。这一点是非常重要的，因为不同子类型的 ADHD 障碍可能会表现不同的干扰水平，如 Schmitz 等（2002）评估了 10 位 ADHD-H、10 位 ADHD-C 以及 10 位 ADHD-I，对照组是 60 位普通个体，他们的年龄是 12~16 岁。结果发现，Stroop 干扰只在 ADHD-I 中是显著的。这说明，不同子类型的 ADHD 障碍可能会表现出不同的 Stroop 干扰水平。虽然不同子类型的 ADHD 障碍可能会有所不同，但是许多人在对 ADHD 障碍进行研究时，却同时混杂了三类不同的人。例如 Golden（2002）评估了 43 名 ADHD 儿童对抑制 Stroop 干扰的表现，这 43 名参加者中，有 24 名是 ADHD-C，有 14 名是 ADHD-H，此外，有 5 名是 ADHD-I。研究结果表明，ADHD 儿童表现出了与普通儿童同样的 Stroop 干扰水平。另外，也有人在研究中只研究了 ADHD-C（Houghton et al.，1999；Reeve & Schandler，2001；Nigg et al.，2002）。这些研究发现 ADHD 患者比普通人表现出了更强的 Stroop 干扰。按照前人的说法，Stroop 干扰只会表现在 ADHD-C 以及 ADHD-H 两个群体上（e.g.，Barkley，1997），因此可以预测 ADHD-I 这个群体可能会表现出更少的 Stroop 干扰，或者不表现出 Stroop 干扰。因此，不同实验采用不同的 ADHD 患者作为研究对象，可以说明不同研究之结论相关差异的原因。第二，这些结果上的冲突可能是由于 Stroop 测验上的差异。许多 Stroop 测验都是基于口头进行反应的，然而对于 ADHD 患者而言，前人研究同样表明，他们可能存在快速命名障碍（rapid-naming deficiencies）（Tannock，Martinussen，& Frijters，2000）。因此，ADHD 患者在色词卡片上的成绩较低可能是由于命名障碍造成的，而不是由于对干扰的抑制的失败。因此，如果对命名速度不加以控制的话，就不清楚 ADHD 患者对卡片命名较慢是由于快速命名障碍还是由于干扰抑制的失败。

本研究将研究对象限定为 ADHD-I，以排除由于 ADHD 子类型的混杂而产生的误差。前人的研究多将 ADHD 的干扰控制的研究限定为 ADHD-C 或 ADHD-H，而不太去研究 ADHD-I（Ikeda，Hirata，& Okuzumi 2009），因此，仍然不清楚对于 ADHD-I 来讲，是否会表现出干扰抑制障碍。

另外，在本研究中，笔者采用团体 Stroop/ 逆 Stroop 测验（Hakoda & Sasaki，1990，1991）去评估干扰抑制能力。该测验不需要进行口头命名，它只需要动手反应，即根据色词的意义或墨水的颜色从 5 个颜色选项中选出一个合适的。因此，本研究排除了快速命名障碍可能对结果造成影响这一可能性。总之，本研究有两个目的：第一，采用团体 Stroop/ 逆 Stroop 测验比较 ADHD-I 的干扰抑制与普通人之间的差异；第二，比较 Stroop 效应与逆 Stroop 效应之间的差异。

二、方法

（一）参加者

DSM-V（APA，2013）中，虽然把 ADHD 患者分为三个类型，即 ADHD-H、ADHD-I 和 ADHD-C，然而到现在为止，几乎所有的关于 ADHD 的研究都仅仅关注 ADHD-C。特别是对 ADHD-I 来讲，其认知功能基本上没有被独立探讨。或许正是由于 ADHD-C 在 ADHD 患者中所占的比例较高，因而吸引了大家的关注。最近一些关于 ADHD 患者的研究综述指出，目前为止，关于 ADHD-C 和普通个体认知功能的对比研究已经相对丰富（Milich, Balentine, & Lynam, 2001；Nigg, Blaskey, Huang-Pollock, & Rappley, 2002），而未来的研究更应该分化和细化，更应该关注 ADHD 共病的研究、性别差异研究以及 ADHD 障碍不同类型内差异的研究（Nigg, 2005）。由于以 ADHD-C 为被试的研究已经相对丰富，本研究将研究对象限定为注意缺陷障碍（ADHD-I），以弥补对 ADHD-I 患者研究不足的缺憾。

参加本研究的被试来自上海市某康复指导中心，所有的被试均为经过医院诊断的 ADHD-I 患者。这些被试在此中心接受每周两次的认知思维训练。在接受本实验测试之前，研究者已经确认所有的患者至少 3 个月内没有药物治疗的经历。在选择被试之前，基于儿童成人精神评估问卷（Child and Adolescent Psychiatric Assessment（CAPA; Angold et al., 1995），笔者设计了访谈的问卷，并对患者的家长进行了访谈。通过访谈，研究者了解了患者的发育史、家庭中的行为表现、一般症状等。基于访谈的结果，研究者排除了可能带有自闭症或情绪障碍等共病的情形。

除此之外，研究者利用康纳斯教师评定量表（Conners' Teacher Rating Scales, CTRS-S; Conners, 1998）进一步确认了儿童的症状。CPRS-S 共包含 28 个项目，这 28 个项目可以提取为 4 个因子，即品行问题、多动、不注意—被动、多动指数。根据 Conners 评分手册进行评分（Conners, 1995），任何不满足 ADHD-I 标准的被试都被排除在研究之外。

另外，根据 DSM-V（APA, 2013）的标准，研究者对所有被试进行了重新评估。保证所选的被试符合 DSM 中关于 ADHD-I 的症状要求。考虑到智力可能是一个影响个体干扰控制的变量，研究者采用瑞文智力测验联合型（Combined Raven's Test [CRT]）对所有的被试进行了智商测试，排除了智商低于 70 的被试。

经过上面一系列程序，最终，本研究选定了 15 名 ADHD-I 儿童（4 名女孩和 11 名男孩）参加了本研究。他们的年龄范围是 8~13 岁（平均年龄 11 岁，标准差 1.47）。

另外有 15 名普通儿童（14 名女孩和 11 名男孩）作为对照组也参与了本研究，他们在性别和年龄上与 ADHD 患者进行匹配。另外，通过让这些普通孩子的老师对他们进行 CTRS（Conners，1998）评定，结果发现他们都不存在 ADHD 症状。这些孩子的智商泛围是 75~124（M=89，SD=12.7）。

（二）刺激

采用团体 Stroop/ 逆 Stroop 测验（Hakoda & Sasaki，1990，1991）。这个测验共分为 4 个分测验，需要分别在 4 张纸上完成（见前面关于 Stroop 效应的介绍）。第一个分测验是逆 Stroop 测验控制条件，第二个分测验是逆 Stroop 测验，第三个分测验是 Stroop 测验控制条件，第四个分测验是 Stroop 测验。测验的时候，根据 Hakoda 和 Sasaki（1991）的研究，施测的顺序对结果没有影响，所以，该研究是按照测验 1、测验 2、测验 3、测验 4 的顺序进行的。每个测验练习时间是 10s，正式施测时间是 40s。

三、结果

（一）正确数

对测验的完成数，研究者以对象类型为被试间变量（ADHD-I 或 non-ADHD），以测验类型（4 个分测验）为被试内变量。结果表明，对象类型的主效应显著，$F_{(1, 28)} = 6.83$，$p < 0.01$，测验类型的主效应也显著，$F_{(3, 84)} = 83.97$，$p < 0.01$。两个变量之间的交互作用不显著，$F_{(3, 84)} = 0.886$，$p = 0.45$。

（二）干扰率

基于各个测验的正确完成数，计算出两个干扰率。Stroop 干扰率（SI）=（C3 − C4）/C3，逆 Stroop 干扰率（RI）=（C1 − C2）/C1。这个公式中的 C1，C2，C3 和 C4 分别代表 4 个分测验中的完成数。通过图 4-1 可知：ADHD 患者对 SI 和 RI 的反应具有不对称性，ADHD 在 RI 上要明显高于普通被试（Error Bars: SDs）。

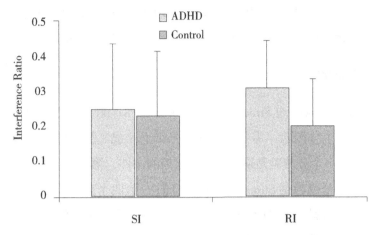

以对象类型（ADHD-I 或 non-ADHD）为被试间变量，以干扰类型为被试内变量（S 或 RI）进行了两因素方差分析。结果表明，对象类型的主效应不显著，$F_{(1, 28)}$=1.53，p=0.23，干扰类型的主效应不显著，$F_{(1, 28)}$=1.52，p=0.23。然而，两个变量之间的交互作用显著，$F_{(1, 28)}$=4.69，p=0.04。另外，简单效应检验表明，两组只有在逆 Stroop 干扰上的差异显著，$F_{(1, 28)}$=4.34，p=0.05，在 Stroop 干扰上的差异不显著，$F_{(1, 28)}$=0.67，p=0.72。结果表明，ADHD-I 不能很好地控制逆 Stroop 干扰，但是他们对 Stroop 干扰的控制却和普通儿童没有显著性差异。

四、讨论

本研究发现了 ADHD-I 对 Stroop 干扰和逆 Stroop 干扰的不对称性。也就是说，当要求 ADHD-I 儿童根据色词的词义从众多的选项中进行选择时，他们更不能有效抑制来自不一致色词的颜色的干扰。与此相反，当要求他们根据书写色词的墨水颜色进行反应时，他们却能够像普通人一样有效抑制来自色词词义的干扰。这种对干扰抑制的不对称性在前人的研究中没有被报告过。本研究中发现的 ADHD-I 的逆 Stroop 干扰和 Barkley's（1997）所提出的干扰抑制障碍只会表现于 ADHD 的 ADHD-C 与 ADHD-H 两种类型有不同之处。

van Mourik 等（2005）发现，ADHD-I 对 Stroop 干扰的抑制能力与普通人之间没有显著性差异，van Mourik 等（2005）总结道，Stroop 色词任务不能为我们区分 ADHD 患者与非 ADHD 患者提供非常有力的证据，我们在诊断 ADHD 患者时需要同时考虑其他工具。这一点与本研究也是一致的。另外，当前的研究结论也支持了 Tannock 等（2000）的结论，即 ADHD 患者表现出的对 Stroop 干扰的抑制障碍可能是由于他们存在快速命名障碍。

然而为什么在本研究中会发现 ADHD 患者存在逆 Stroop 干扰呢？脑功能成像的研究可能会为我们提供一些重要启示：在本研究中发现的 ADHD 患者的 Stroop 干扰与逆 Stroop 干扰的非对称性可能是 Stroop 任务与逆 Stroop 任务对前扣带回（anterior cingulated cortex，ACC）的激活动程度不同造成的。前人的研究发现 Stroop 任务与逆 Stroop 任务均与前扣带回的活动有密切联系，如 Ruff 等（2001）采用 fMRI 的方法探讨了 Stroop 任务与逆 Stroop 任务的脑区激活情况。，结果发现 ACC 在读出不一致性色词时（逆 Stroop 任务）比对颜色进行命名时（Stroop 任务）激活程度更高。该研究说明，对逆 Stroop 干扰的控制可能比对 Stroop 干扰的控制更加依赖于 ACC 的活动。

如果上面的结论是正确的话，那么 ACC 部位激活度的降低就会对逆 Stroop 干扰的控制产生更大的干扰。实际上，ADHD 患者的 ACC 部位的激活度较低，被认为是患者的一个重要的生理病理特征（Colla et al., 2008；Emond, Joyal, & Poissant, 2009；Makris, Biederman, Monuteaux, & Seidman, 2009；O'Connell et al., 2009）。这可能说明为什么会出现 Stroop 干扰与逆 Stroop 干扰的分离。

总之，本研究发现了 Stroop 干扰与逆 Stroop 干扰的实验性分离，这说明 Stroop 干扰与逆 Stroop 干扰的机制可能是不同的。另外，ADHD 患者只对逆

Stroop 干扰抑制存在障碍，这也说明 Barkley（1997）的模型中提到的"行为抑制障碍只存在 ADHD-C 或 ADHD-H 的观点"值得商榷。

参考文献

American Psychiatric Association. （2013）. Diagnostic and statistical manual of mental disorders（5th ed.）. Washington, DC: Author.

Angold, A., Prendergast, A., Cox, R., Harrington, E., Simonoff, E., & Rutter, M.（1995）. The child and adolescent psychiatric assessment（CAPA）. Psychological Medicine, 25, 739–753.

Barkley, R.A.（1990）. Attention deficit hyperactivity disorder: A handbook for diagnosis and treatment. New York: Guilford Press.

Barkley, R.A., Grodzinsky, G., & DuPaul, G.（1992）. Frontal lobe functions in attention deficit disorder with and without hyperactivity: a review and research report. Journal of Abnormal Child Psychology, 20, 163–188.

Barkley, R.A.（1998）. Attention deficit hyperactivity disorder: A handbook for diagnosis and treatment（2nd ed.）. New York: Guilford.

Barkley, R.A.（1997）. Behavioral inhibition, sustained attention, and executive functions: Constructing a unifying theory of ADHD. Psychological Bulletin, 121, 65–94.

Badzakova-Trajkov, G., Barnett, K.J., Waldie, K.E., & Kirk, I.J.（2009）. An ERP investigation of the Stroop task: the role of the cingulate in attentional allocation and conflict resolution. Brain Research, 12, 139–148.

Botvinick, M.M., Cohen, J.D., & Carter, C.S.（2004）. Conflict monitoring and anterior cingulate cortex: An update. Trends in Cognitive Sciences, 8, 539–546.

Colla, M., Ende, G., Alm, B., Deuschle, M., Heuser, I., & Kronenberg, G.（2008）.

Cognitive MR spectroscopy of anterior cingulate cortex in ADHD: Elevated choline signal correlates with slowed hit reaction times. Journal of Psychiatric Research, 42, 587–595.

Conners, C.K. (1995). The Conners rating scales: Instruments for the assessments of childhood psychopathology.Durham, NC: Duke University.

Conners, C.K. (1998). Rating scales in attention deficit hyperactivity disorder: Use in assessment, and treatment and monitoring. Journal of Clinical Psychiatry, 59, 24–30.

Carter, C.S., Krener, P., Chaderjian, M., Northcutt, C., & Wolfe, V. (1995). Abnormal processing of irrelevant information in attention deficit hyperactivity disorder. Psychiatry Research, 56, 59–70.

Cater, C.S., et al. (2000). Parsing executive processes: stragegic vs. evaluative function of the anterior cingulate cortex. Proceedings of the National Academy of Sciences, 97 (4), 1944.

Emond, V., Joyal, C., & Poissant, H. (2009).Structural and functional neuroanatomy of attention–deficit hyperactivity disorder (ADHD). Encephale, 35, 107–114.

Flowers, J.H. (1975). "Sensory" interference in a word–color matching task. Perception and Psychophysics, 18, 37–43.

Golden, Z.L., & Golden, C.J. (2002). Patterns of performance on the Stroop Color and Word Test in children with learning, attentional and psychiatric disabilities. Psychology in the Schools, 39, 489–496.

Gorenstein, E.E., Mammato, C.A., & Sandy, J.M. (1989). Performance of inattentive–overactive children on selected measures of prefrontal–type function. Journal of Clinical Psychology, 45, 619–632.

Gaultney, J.F., Kipp, K., Weinstein, J., & McNeill, J. (1999).Inhibition and mental effort in attention deficit hyperactivity disorder. Journal of

Developmental and Physical Disabilities，11，105–114.

Houghton，S.，Douglas，G.，West，J.，Whiting，K.，Wall，M.，Carroll，A.
（1999）. Differential patterns of executive function in children with attention-
deficit hyperactivity disorder according to gender and subtype. Journal of Child
Neurology，14，801–805.

Howieson，D.B.，Lezak，M.D.，& Loring，D.W. （2004）. Orientation and
attention. In M.D. Lezak, D.B. Howieson，D.W. Loring，H. Julia Hannay，&
J.S. Fischer （Eds.），Neuropsychological assessment （pp. 365–367）. New
York, NY: Oxford University Press.

Homack, S., & Riccio, C.A. （2004）. A meta-analysis of the sensitivity and
specificity of the Stroop color and word test with children. Archives of Clinical
Neuropsychology, 19, 725–743.

Hervey, A.S., Epstein, J.N., & Curry, J.F. （2004）. Neuropsychology of adults
with attention-deficit/hyperactivity disorder: A meta-analytic review.
Neuropsychology, 18, 485–503.

Iaboni, F., Douglas, V.I., Baker, A.G. （1995）. Effects of reward and response costs
on inhibition in ADHD children. Journal of Abnormal Psychology，104, 232–
240.

Klee, S.H., & Garfinkel, B.D. （1983）. The computerized continuous performance
task: A new measure of inattention. Journal of Abnormal Psychology, 11, 487–
495.

Lansbergen, M.M., Kenemans, J.L., & van Engeland, H. （2007）. Stroop interference
and attention deficit/hyperactivity disorder: A review and meta-analysis.
Neuropsychology, 21, 251–262.

Lubow, R.E., & Josman, Z.E. （1993）. Latent inhibition deficits in hyperactive
children. Journal of Child Psychology and Psychiatry, 34（6），959–973.

Makris, N., Biederman, J., Monuteaux, M.C., & Seidman, L.J. （2009）. Towards conceptualizing a neural systems—based anatomy of attention—Deficit/ hyperactivity disorder. Developmental Neuroscience, 31, 36–49.

MacLeod, C.M. （1991）. Half a century of research on the Stroop effect: An integrative review. Psychological Bulletin, 109, 163–203.

Milich, R., Balentine, A., & Lynam, D. （2001）. ADHD combined type and ADHD predominantly inattentive type are distinct and unrelated disorders. Clinical Psychology: Science and Practice, 8, 463–488.

MacLeod, C.M., & MacDonald, P.A. （2000）. Interdimensional interference in the Stroop effect: Uncovering the cognitive and neural anatomy of attention. Trends in Cognitive Sciences, 4, 383–391.

Mourik, R., Oosterlaan, J., & Sergeant, J. （2005）.The Stroop revisited: A meta-analysis of interference control in AD/HD. Journal of Child Psychology and Psychiatry, 46, 150–165.

Nigg, J.T., Blaskey, L.G., Huang—Pollock, C.L., & Rappley,M.D. （2002）. Neuropsychological executive functions and DSM—IV ADHD subtypes. Journal of the American Academy of Child & Adolescent Psychiatry, 41, 59–66.

Nadeau, K.G. （1995）. A Comprehensive Guide to Attention Deficit Disorder in Adults: Research, Diagnosis, Treatment. New York, NY: Bruner/Mazel.

Nair, J., Ehimare, U., Beitman, B.D., Nair, S.S., & Lavin, A. （2006）. Clinical review: Evidence—based diagnosis and treatment of ADHD in children. Missouri medicine, 103, 617–621.

National Institute of Neurological Disorders and Stroke （NINDS）.（2008）. Attention deficit—hyperactivity disorder information page. Retrieved from http://www.ninds .nih.gov/disorders/ adhd/adhd.htm.

Nigg, J.T. （1999）. The ADHD response—inhibition deficit as measured by the stop task: replications with DSM—IV combined type, extension, and qualification. Journal of Abnormal Psychology, 27, 393–402.

Nigg, J.T. （2005）. Neuropsychologic theory and findings in attention deficit/ hyperactivity disorder: The state of the field and salient challenges for the coming decade. Biological Psychiatry, 57, 24–35.

Oosterlaan, J., & Sergeant, J.A. （1995）. Response choice and inhibition in ADHD, anxious, and aggressive children: The relationship between S–R compatibility and the stop signal task. In J. A. Sergeant （Ed.）, Eunethydis: European approaches to hyperkinetic disorder （pp. 225–240）. Amsterdam: Editor.

O' Connell, R.G., Bellgrove, M.A., Dockree, P.M., Lau, A., Hester, R., Garavan, H., Robertson, I.H. （2009）. The neural correlates of deficient error awareness in attention deficit hyperactivity disorder （ADHD）. Neuropsychologia, 47, 1149–1159.

Perugini, E.M., Harvey, E.A., Lovejoy, D.W., Sandstrom, K., & Webb, A.H. （2000）. The predictive power of combined neuropsychological measures for attention–deficit/hyperactivity disorder in children. Child Neuropsychology, 6, 101–114.

Quay, H.C. （1988）. Attention deficit disorder and the behavioral inhibition system: the relevance of the neuropsychological theory of Jeffrey A.Gray （pp.50–57）. New York: Pergamon.

Reeve, W.V., & Schandler, S.L. （2001）. Frontal lobe functioning in adolescents with attention deficit hyperactivity disorder. Adolescence, 36, 749–765.

Raven, J.C., Court, J.H., & Raven, J. （1992）. Standard Progressive Matrices. Oxford, Uk: Oxford Psychologists Press.

Rader, R., McCauley, L., & Callen, E.C. （2009）. Current strategies in the diagnosis and treatment of childhood attention–deficit/hyperactivity disorder. American family physician, 79, 657–665.

Ruff, C.C., Woodward, T.S., Laurens, K.R., & Liddle, P.F. （2001）. The role of the anterior cingulate cortex in conflict processing: Evidence from reverse Stroop interference. Neuroimage, 14, 1150–1158.

Slaats-Willemse, D., Swaab-Barneveld, H., De Sonneville, L., Van Der Meulen, E., & Buitelaar, J. （2003）. Deficient response inhibition as a cognitive endophenotype of ADHD. Journal of the American Academy of Child & Adolescent Psychiatry, 42（10）, 1242-1248.

Slaats-Willemse, D., Swaab-Barneveld, H., de Sonneville, L., van der Meulen, E., & Buitelaar, J. （2003）. Deficient response inhibition as a cognitive endophenotype of ADHD. American Academy of Child and Adolescent Psychiatry, 42, 1242-1248.

Schachar, R.J. （1986）. Hyperkinetic syndrome: Historical development of the concept. In E. Taylor （Ed.）, The overactive child （pp. 19-40）. Philadelphia: Lippincott.

Schachar, R., Tannock, R., & Logan, G. （1993）. Inhibitory control, impulsiveness, and attention deficit hyperactivity disorder. Clinical Psychology Review, 13, 721-739.

Schachar, R., Logan, G.D., Robaey, P., Chen, S., Ickowicz, A., & Barr, C. （2007）. Restraint and cancellation: multiple inhibition deficits in attention deficit hyperactivity disorder. Journal of Abnormal Child Psychology, 35, 229-238.

Strauss,E.,Sherman,E.M.S.,&Spreen,O. （2006）.A compendium of neuropsychological tests: Administration, norms, and commentary （3rd ed.）. Oxford, England: Oxford University Press.

Savitz, J.B., & Jansen, P. （2003）.The Stroop color-word interference test as an indicator of ADHD in poor readers. The Journal of Genetic Psychology, 164, 319-333.

Scheres, A., Oosterlaan, J., Geurts, H.M., Morein-Zamir, S., & Sergeant, J.A.（2004）. Executive functioning in ADHD: Primarily and inhibition deficit? Archives of Clinical Neuropsychology, 19, 569-594.

Schmitz, M., Cadore, L., Paczko, M., Kipper, L., & Knijnik M. （2002）. Neuropsychological performance in DSM-IV ADHD subtypes: An exploratory study with untreated adolescents. Canadian Journal of Psychiatry, 247, 863-869.

Schachar, R.J., & Logan, G.D. （1990）. Impulsivity and inhibitory control in normal development and childhood psychopathology. Developmental Psychology, 126, 710-720.

Sergeant, J.A., Geurts, H., & Oosterlaan, J. （2002）. How specific is a deficit of executive functioning for Attention-Deficit/Hyperactivity Disorder? Behavioral Brain Research, 130, 3-28.

Swick, D., & Jovanovic, J. （2002）. Anterior cingulate cortex and the Stroop task: neuropsychological evidence for topographic specificity. Neuropsychologia, 40, 1240-1253.

Tannock, R., Martinussen, R., & Frijters, J. （2000）. Naming speed performance and stimulant effects indicate effortful, semantic processing deficits in attention-deficit/hyperactivity disorder. Journal of Abnormal Child Psychology, 28, 237-252.

Werry, J.S. （1992）. History, terminology, and manifestations at different ages. In G. Weiss （Ed.）, Child and adolescent psychiatry clinics of North America: Attention.

Weiss, G., Hechtman, L., Milroy, T., & Perlman, T. （1985）. Psychiatric status of hyperactives as adults: A controlled prospective 15-year follow-up of 63 hyperactive children. Journal of the American Academy of Child and Adolescent Psychiatry, 24, 211-220.

Weiss, G., & Hechtman, L. （1993）. Hyperactive Children Grown Up: ADHD in Children, Adolescents, and Adults. New York: Guilford Press.

Zwi, M., Ramchandani, P., & Joughin, C. （2000）. Evidence and belief in ADHD. British Medical Journal, 321, 975-976.

第五章 注意缺陷多动障碍与整体／局部加工

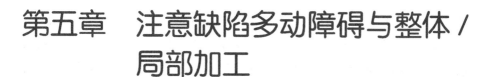

第一节 选择性注意条件下的 Navon 任务加工

一、研究目的及假设

Navon 任务是一个与 Stroop 任务类似的实验范式，常用来测量个体对复合刺激加工（整体与部分信息）的干扰控制。自 Navon 于 1977 年发表了关于复合模式之整体加工优势效应以及整体干扰效应的文章以来，许多研究都在探索与 Navon 任务相关联的大脑活动，其中最重要的发现是大脑的左右两半球在对复合模式加工上的功能不对称性，即大脑左半球在局部信息的加工上有优势，而大脑的右半球则在整体信息的加工上有优势（Delis, Robertson & Efron, 1986; Fink et al., 1996）。最近十年，大量的研究表明，ADHD 患者的核心症状与大脑右半球的功能障碍有密切的联系（Vance et al., 2007; Waldiea & Hausmannb, 2010; Almeida et al., 2010）。

如果 ADHD 患者右脑功能异常的假设成立的话，基于右脑对复合刺激的整体信息加工有优势这样的研究结论，那么可以进一步假设，对于 ADHD 患者来讲，整体优势 / 整体干扰效应将不明显，甚至有可能取而代之的是局部优势 / 局部干扰效应，即在复合模式加工中，ADHD 患者有可能表现出 Navon 效应的反转。这也是本研究探讨的问题和主要假设。

在经典的 Navon 任务中，不仅会设计整体与局部相互冲突的、不相容复合刺激，而且还会设计整体与局部不相冲突的、相容复合刺激（Navon，1977）。采用经典的 Navon 任务，有一个明显的优点是不但可以记录被试对相容刺激以及不相容刺激的作答情况，而且还可以算出整体对部分干扰以及部分对整体干扰的干扰率。通过干扰率，可以进一步判断两种信息干扰的方向和大小。

因此，本研究将采用经典的 Navon 任务来探究 ADHD 儿童中的局部干扰效应。该任务将限定目标刺激只会出现在复合模式的整体或者局部的某一水平（选择性注意任务）。本研究假设：在经典的 Navon 任务的条件下，Navon 效应将出现反转，即 ADHD 儿童将表现出局部干扰效应。

二、研究方法

（一）被试

根据 DSM-V（American Psychiatric Association [APA]，2013）的诊断标准，以及儿童成人精神评估问卷（Child and Adolescent Psychiatric Assessment，CAPA，Angold et al.，1995）、康纳斯教师评定量表（Conners' Teacher Rating Scales，CTRS-S, Conners, 1998）以及瑞文智力测验联合型（Combined Raven's Test [CRT]）等测验，研究者选定了 15 名 ADHD 儿童参加本研究。另外，研究者从普通中小学选择了 19 名非 ADHD 儿童（以下的 ADHD 代表 ADHD － I），他们是在性别与年龄上进行匹配的普通学生。根据 CTRS（Conners，1998）的测试结果，

他们都没有表现出不注意的症状。

（二）实验材料

本实验设计了三种不同的刺激材料。刺激 1 为复合的数字（3，5，6，8，9），它们全部由 15×25 个实心的小圆点组成。刺激 2 为由 5×5 个小数字（2，3，5，6，8，9）组成的复合的长方形。刺激 3 为由小数字组成的不一致复合数字（2，3，5，6，8，9），即它的整体信息和局部信息是不一致的。其中大的数字 3 和 6 是由 2、5、8、9 组成的，而大的数字 2、5、8、9 是由 3 和 6 组成的。所有的视觉刺激都通过 Photoshop7.0 软件加以制作。每个复合数字的视角（纵、横）分别为 2.86° 和 2.06°。组成复合数字的小数字采用白色来呈现，数字被呈现在黑色的背景上。数字的明度为 10.65 cd / m²，背景的明度为 1.92 cd / m²。

（三）实验设计与程序

在本研究中，每个被试都要接受四项测试。其中，第一项和第二项测试是指向整体的测试，这两项测试以刺激 1 和刺激 3 作为刺激，要求被试判断所呈现的刺激的整体数字是否是 3 或者 6。第三项和第四项测试是指向局部的测试，这两项测试以刺激 2 和刺激 3 作为刺激，要求被试判断所呈现的刺激的局部数字是否是 3 或者 6。这样就可以通过上述 4 项测验来检验局部干扰效应和整体干扰效应：整体加工的基线条件（测验 1），即判断呈现的刺激的整体信息是不是 3 或者 6；整体加工条件（测验 2），即判断呈现的刺激的整体信息是不是 3 或者 6；局部加工的基线条件（测验 3），即判断呈现的刺激的局部信息是不是 3 或者 6；局部加工条件（测验 4），即判断呈现的刺激的局部信息是不是 3 或者 6。

设计以上四项测验来评估整体干扰效应以及局部干扰效应的主要理念如下：测验 1 和测验 2 都是指向整体信息的加工，两个测试唯一的差异是它们当中局部信息的构成是不同的。因此，通过测验 1 和测验 2 的对比，就可以知道复合模式的局部信息对整体信息干扰的大小。另外，测验 3 和测验 4 都是指向局部信息的加工, 且局部信息都是数字, 两个测验唯一的差异就是组成的整体模式是不同的。因此, 通过测验 3 和测验 4 的对比, 就可以知道整体信息对局部信息的干扰。以上四项测验采用随机的顺序进行。

由图 5-1 可知, 每一次刺激开始时, 都有 500ms 的一个 "＋" 提示, 之后呈现刺激, 时间为 3000ms, 被试看到刺激后, 需要迅速对刺激是否是目标刺激进行反应。从刺激开始呈现到按键反应的时间, 算作对刺激的反应时。

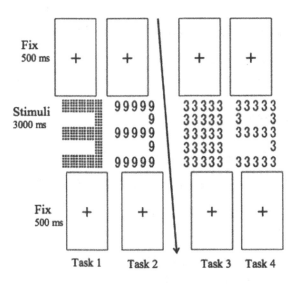

图 5-1　实验程序图

实验进行时, 实验用的刺激被呈现在 14 英寸的显示屏上, 被试的观察距离为 50cm。实验的流程如图 5-1 所示。点空格键实验开始, 然后对一个刺激的判断结束之后, 就会自动呈现下一个刺激序列。当认为是目标刺激(3 或者 6)时, 要尽快用右手按 "J" 键; 当认为是非目标刺激时, 则要尽快用左手按 "F" 键。在实验之前, 被试首先被告知实验的要求以及反应的方法。在实验之前, 先进行练习, 在他们充分理解操作方法之后, 再进入正式实验。每个测验都各包含 16 次判断序列。

三、研究结果

每项测验分别记录了被试的反应时。另外，基于测验的反应时，通过以下的公式算出了两个干扰率：LG=（S2－S1）/S1 和 GL=（S4－S3）/S3。在公式中，LG 和 GL 分别代表局部对整体的干扰率以及整体对局部的干扰率。S1，S2，S3 和 S4 分别表示被试在测验1、测验2、测验3和测验4中的反应时。以下的部分将对两组被试在各项测验中的反应时以及干扰率进行统计分析。

（一）反应时

首先，以组别作为被试间变量，以测验类型（四项分测验）作为组内变量，对反应时进行了两因素重复测量实验设计的方差分析。统计结果如图5-2所示。结果表明，组别和测验类型这两个变量的主效应都极显著，$F_{(1, 32)}$ =259.60，$p<0.01$；$F_{(3, 96)}$ =89.77，$p<0.01$。两个变量之间的交互作用也极显著，$F_{(1, 96)}$ =19.08，$p<0.01$。另外，对两变量交互作用的简单效应检验结果表明，无论对 ADHD 儿童还是对普通儿童来讲，四项测验之间的差异均显著，$F_{(3, 96)}$ =69.21，$p<0.01$；$F_{(3, 96)}$ =39.63，$p<0.01$。多重比较（Ryan's method）的结果表明，对于两个组来讲，测验1和测验2之间的差异显著，ADHD，$t_{(96)}$ =13.22，$p<0.01$；non-ADHD，$t_{(96)}$ =7.39，$p<0.01$。对于普通组而言，他们在测验3和测验4上的反应时差异显著，$t_{(96)}$ =8.87，$p<0.01$；而对于 ADHD 儿童而言，他们在测验3和测验4的反应时上却没有显著性差异，$t_{(96)}$ =1.43，$p=0.16$。

由图可知，对 ADHD 患者而言，他们在对局部指向的两种情况［无干扰（测验3）和有干扰（测验4）］上的反应时没有显著性差异，而他们对整体指向的两种情况［无干扰（测验1）和有干扰（测验2）］上的反应有显著性差异。这证实了 ADHD 中的局部干扰效应。

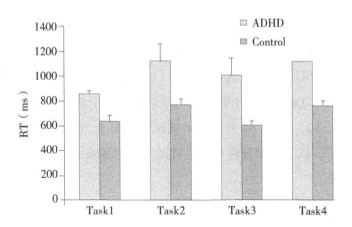

图 5-2　在 4 种实验条件下被试的反应时

（Error Bars: SDs）

（二）干扰率

以组别为组间变量，以干扰类型（GL 和 LG）为组内变量，对干扰率进行了重复测量实验设计的方差分析。结果表明，组别和干扰类型的主效应均显著，$F_{(1, 32)}=11.68$，$p<0.01$；$F_{(1, 32)}=10.80$，$p<0.01$；组别与干扰类型的交互作用也显著，$F_{(1, 32)}=22.63$，$p<0.01$。对交互作用的简单效应检验表明，只有对 ADHD 儿童来讲，干扰类型的两个水平之间的差异是显著的，$F_{(1, 32)}=32.35$，$p<0.01$。对于普通儿童来讲，干扰类型的效应不显著，$F_{(1, 32)}=1.08$，$p=0.31$。这个结果表明，在选择性注意的任务中，对于 ADHD 来讲，LG 要大于 GL，即在 ADHD 儿童中观察到了局部干扰效应。

由图 5-3 可知，对于普通被试而言，他们的整体对局部的干扰（GL）和局部对整体的干扰（LG）是差不多的。而 ADHD 组在这两种干扰上有显著差异，局部对整体的干扰（LG）要明显大于整体对局部的干扰（GL）。这证实了 ADHD 中的局部干扰效应。（Error Bars: SD）

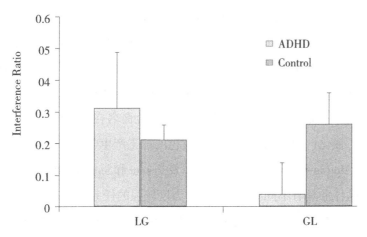

图 5-3　局部对整体的干扰率（LG）以及整体对局部的干扰率（GL）

四、讨论

（一）主要结论与讨论

以上的分析结果表明，ADHD 儿童在对整体信息进行加工时，无法抑制来自复合模式局部信息的干扰，而他们在对局部信息进行加工时，却能不受整体信息的干扰，即在经典的 Navon 任务的选择性注意条件下，ADHD 儿童表现出了局部干扰效应。虽然对于普通组来讲，没有发现与 Navon（1977）的实验结果一样的整体干扰效应，但是普通的个体也没有表现出局部干扰的效应。

在选择性注意条件下，ADHD 儿童表现出的局部干扰效应可以通过任务的力度（task strength）以及加工的相对速度（relative speed of processing）学说来加以解释。MacLeod 和 Dunbar（1988）认为，由于个体对不同任务的练习程度不同，不同任务表现出来的力度也不相同。下面以 Stroop 任务为例来加以说明。众所周知，对不一致性色词（如用"红"色笔书写"蓝"）的墨水颜色进行命名的时间（color naming）要比对一致性色词（如用红墨水书写"红"字）的墨水颜色进行命名的时间要长，而且更容易犯错误（Stroop，1935）。

然而，要求个体读出色词（word reading）时，却并没有发现一致性色词与不一致性色词在反应时上的差异。这说明，对颜色的加工不自觉地会受到词义的影响，而对词义的加工却不容易受到颜色的干扰。为什么会产生这种不对称的干扰现象呢？Cohen，Dunbar 和 McClelland（1990）等人认为，之所以会产生这种现象，是由于对词义的加工比对颜色命名在平时中得到了更多的练习，得到了强化，因而词义更容易对颜色的加工产生干扰。

另外，Morton 和 Chambers（1973）以及 Posner 和 Snyder（1975）进一步强调，不同力度的任务具有不同的加工速度，力度较强的任务其加工的速度要更快，而且加工速度快的任务会干扰加工速度慢的任务。任务强度学说以及相对加工速度学说可以用来解释许多 Stroop 任务或类 Stroop 任务，因为这些任务有一个共同的特点，就是它们都包含两个不相容的、互相竞争的、加工时间快慢不一的维度（Posner & Snyder，1975）。Navon 任务被认为是一种类 Stroop 任务（MacLeod，1991），因此也可以通过上面的学说来进行解释。局部干扰效应说明，对于 ADHD 儿童来讲，对局部的加工属于强力度任务，加工的速度更快，所以对整体信息的加工产生了干扰。

（二）研究启示

该研究的结论为揭示 ADHD 患者复合模式加工的认知特点与机制提供了有价值的资料，其理论意义及临床价值表现在三个方面。

第一，本研究的结论对广泛应用的美国精神疾病分类标准（DSM-V，APA，2013）中的相关论述提出了重大修正。在关于 ADHD 患者的诊断中，该标准提到：ADHD 的不注意症状只表现在对细节信息不能很好地注意上。而本研究发现，ADHD 患者存在着局部加工优势效应以及局部干扰效应，这说明 ADHD 患者对局部信息的加工要优于他们对整体的加工，这也说明美国精神疾病分类标准（DSM-V）缺乏实证依据，需要进行修正。

第二，本研究的结论，对揭示 ADHD 患者的认知机制具有重要的启示意义。ADHD 患者表现出的局部优势以及局部干扰暗示他们存在整体加工障碍和信息的统合困难。目前已有结合自闭症儿童同样存在整体加工障碍的研究结论（Baron-Cohen，2005），本研究所发现的 ADHD 患者的 Navon 效应的反转说明 ADHD 患者在对复合模式的认知上可能采用了同自闭症儿童相似的加工策略，这也进一步提示在特殊儿童认知研究领域，将来十分有必要进一步研究 ADHD 患者和自闭症等发展障碍认知机制的共性与差异，也十分有必要从脑生理的角度对复合模式加工的脑机制进行深入探究。

第三，本研究为 ADHD 患者的诊断与训练提供了实证依据。至今为止，对 ADHD 诊断的标准尚没有达成一致。本研究揭示的 ADHD 的局部优势和局部干扰效应说明，Navon 任务可以为 ADHD 患者的诊断提供重要参考。另外，在临床上，由于我们多强调 ADHD 患者对局部信息的注意力较差，重视对其细节信息加工的训练，却忽视了对其整体信息加工的训练。本研究的结论提示，ADHD 患者对整体信息的加工障碍是一个比局部信息加工障碍更为严重的障碍，在 ADHD 患者的临床治疗中应当强化其整体加工训练这一内容，以提高他们对复合模式的加工能力。

第二节　分配性注意条件下的 Navon 任务加工

一、研究目的及假设

如前所述，在选择注意的情况下，ADHD 儿童对复合模式的整体信息进行加工时，其受到局部信息的干扰程度要明显高于普通被试。然而，正如 Navon（1981）所指出的那样，并不是在任何情况下都会观察到 Navon 效应。笔者在第一章综述部分也提到 Navon 效应有一定的局限性，它至少受到来自刺激的大小、刺激的明暗等可能改变刺激醒目度（conspicuity）等因素的影响。另外，也有研究表明不同的注意过程对 Navon 效应也有影响（Plaisted et al.，1999）。因而，除了选择性注意条件，十分有必要去研究在其他注意条件，如分配性注意条件下 Navon 效应的特点。

分配性注意需要被试同时注意两项任务，或者在一项任务中，同时注意任务的不同维度。本研究采用分配性注意的方法，要求被试同时注意复合模式的整体维度与局部维度，在这个过程中，探索被试对整体与局部信息加工的特点。根据前面的背景叙述，本研究假设，对于 ADHD 儿童来讲，在分配性注意的条件下整体优势效应将不明显，取而代之的将是局部优势效应。

二、研究方法

14 名 ADHD 儿童和 19 名非 ADHD 儿童参加了本研究，他们在性别与年龄上互相匹配。实验材料选用复合数字划消测验（the Compound Digit Cancellation Test，CDCT， Ohashi & Gyoba， 2009）。该测验可以测试在分配性注意的条件下，个体对整体信息以及局部信息的加工情况。该测验中的全部刺激均由复合数字构成（即由许多小的数字构成一个大的数字）。测试共有 5 页，每页的页面大小为 36mm × 25.5mm。其中的每一个复合数字的大小为 12mm × 19mm，它是由长和宽各 5 个数字（2， 3， 5， 6， 8， 9）组成的。每个小的数字的大小为 1mm × 2mm，每个小的数字的间距为 2mm。而且组成这个测验的所有刺激的整体数字与局部数字都是不一致的（如整体是 6，局部是 2）。在这个测验中所有的目标刺激和非目标刺激是随机呈现的。连续划消（连续出现两个目标）和非连续划消也是随机的。CDCT 测验如图 5-4 所示。该测验的指导语为：请找出所有的 3 和 6，不管它们是小的数字还是大的数字。

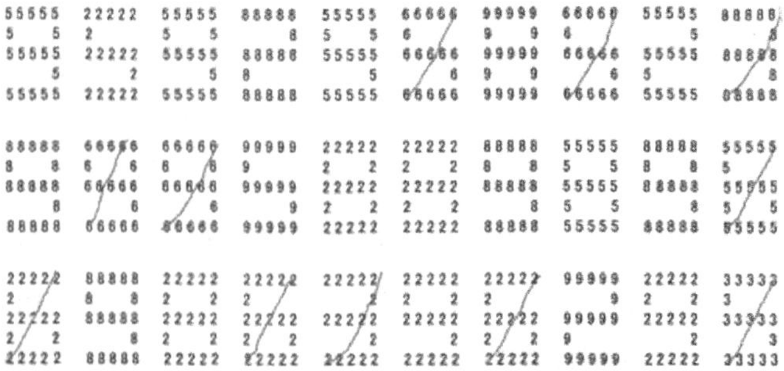

图 5-4　复合数字划消测验的例子

所有的被试在进行测验时，保持眼睛与纸面的距离约为 30cm。测验共有 5 张纸，每张测验进行划消的时间为 80s，被试需要找出测验中出现的所有的 3 和 6。在作答的时候，需要从上到下、从左到右进行。该测验通过以下 G、L、GG、LL、GL 和 LG 等 6 个指标来评估个体的注意能力。G 代表指向整体划消的正确率，它反映了在对复合数字进行加工时，局部信息对整体信息的干扰。L 代表指向局部划消的正确率，它反映了在对复合数字进行加工时，整体信息对局部信息的干扰。GG 代表在连续划消的条件下，前面是指向整体的划消，紧接着也是指向整体的划消时的正确率。LL 代表在连续的划消的条件下，前面是指向局部的划消，后面挨着的也是指向局部的划消时的正确率。GL 代表在连续划消的条件下，前面是指向整体的划消，后面是指向局部的划消时的正确率。LG 代表在连续划消的条件下，前面是指向局部的划消，后面是指向整体的划消时的正确率。需要注意的是，GG、LL、GL 和 LG 都是目标连续出现，需要进行连续划消。与 GG、LL 不同的是 GL 和 LG 需要注意转换。具体地讲，GL 可以评估在由对整体的注意转向对局部的注意时，整体信息对局部信息加工的影响；LG 可以评估在由对局部的注意转向对整体的注意时，局部信息对整体信息加工的影响。

三、研究结果

CDCT 测验由 5 张测验纸组成，对于 5 张测验，都记录 G、L、GG、LL、GL 和 LG 等 6 个成绩，最后分别算出它们在 5 张测试纸上的平均分。正确率的算法如下：正确率 = 正确划消数／目标总数。在这一部分中，笔者将对两组被试的整个测验的整体划消和局部划消的正确率（G 和 L）以及对连续划消测验中四种条件（GG、LL、GL 和 LG）的正确率进行统计分析。

（一）G 和 L

以组别（ADHD 组或对照组）作为组间变量，以信息类型（G 或 L）作为组内变量,对划消的正确率进行两因素被试内实验设计的方差分析。结果表明,组别变量以及信息类型变量的主效应均显著,$F_{(1, 31)}=8.23$,$p<0.01$,$F_{(1, 31)}=11.30$,$p<0.01$;两个变量之间的交互作用效应接近显著水平,$F_{(1, 31)}=3.36$,$p=0.07$;鉴于交互作用表现出了显著倾向,分析时又对两个变量的交互作用进行了简单效应检验。结果表明,两个组在整体信息的划消上存在显著性差异,$F_{(1, 62)}=11.65$,$p<0.01$,而在局部信息的划消上不存在显著性差异,$F_{(1, 62)}=1.81$,$p=0.18$。对于 ADHD 组来讲,他们对两种信息的划消正确率存在显著性差异,$F_{(1, 31)}=13.47$,$p<0.01$,而对于对照组的被试来讲,他们对两种信息的划消正确率不存在显著性差异,$F_{(1, 31)}=1.14$,$p=0.29$。最终结果如下图所示:两组在局部信息(L)的加工上没有显著性差异,而他们在整体指向的信息(G)的加工上存在显著性差异。这说明了 ADHD 患者整体加工的缺陷。

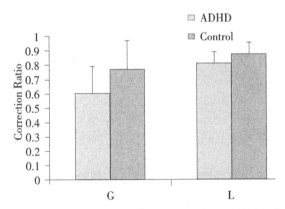

图 5-5 被试对 CDCT 中整体信息与局部信息的划消正确率

(Error Bars:SDs)

(二)GG、LL、GL 和 LG

以组别为组间变量,以连续划消类型(GG、LL、GL 和 LG)为组内变量对划消的正确率进行了两因素重复测验实验设计的方差分析。结果表明组别的主效应不显著,$F_{(1, 31)}=1.56$,$p=0.22$;连续划消类型的主效应显著,$F_{(3,}$

93）=14.46，p<0.01；两变量间的交互作用显著，F（3，93）=6.03，p<0.01。进一步的简单效应检验表明，对于 ADHD 组来讲连续划消类型的简单效应显著，F（3，93）=16.82，p<0.01；而对于对照组的被试来讲，连续划消类型的简单效应不显著，F（3，93）=2.13，p=0.09。

为了进一步检验在连续划消中，前面目标出现的维度对 ADHD 儿童后面目标划消的影响，以前面目标出现维度的类型（G 或者 L）以及后面目标出现维度的类型（G 或者 L）作为被试内变量，对划消正确率进行了两因素重复测量实验设计的方差分析。结果表明：对于 ADHD 组的被试来讲，前面目标出现维度类型的主效应不显著，F（1，13）=2.25，p=0.16；后面目标出现的维度类型的主效应显著，F（1，13）=11.80，p<0.01；两个变量间的交互作用显著，F（1，13）=53.59，p<0.01；另外，对交互作用的简单效应分析表明，当前面的目标出现在整体维度时，后面的目标不管在哪个维度出现，其划消正确率都没有显著性差异，F（1，26）=2.13，p=0.16。而当前面的目标出现在局部维度时，后面目标出现在整体维度的划消正确率要明显低于出现在局部维度的划消正确率，F（1，26）=26.87，p<0.01。统计结果如图 5-6 所示：对于 ADHD 患者而言，他们对 GG 的划消和对 LG 的划消有显著性差异。这说明了他们存在从局部向整体划消转换的困难。

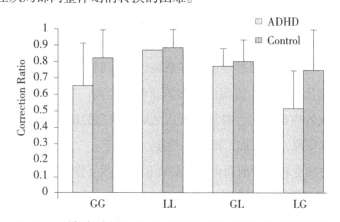

图 5-6　被试对 CDCT 中四种连续划消条件的正确率

（Error Bars:SDs）

四、讨论

对在分配性注意条件下，ADHD 儿童对整体信息和局部信息划消正确率的分析表明，ADHD 儿童对不一致性复合模式的整体信息的划消正确率要比对局部信息的划消正确率低。这说明 ADHD 儿童在对复合模式进行加工时，表现出了局部优势效应。另外，对前面目标出现的维度如何影响后面目标加工的分析结果表明，对于 ADHD 儿童来讲，后面指向整体信息的加工，不自觉地受到来自前面指向局部信息加工的影响，而后面指向局部的加工并没有受到来自前面指向整体信息加工的影响。这说明，在从局部加工向整体加工转换的过程中，ADHD 患者存在着加工转换困难（processing shift difficulty）。

上面的分析揭示了在分配性注意的条件下，ADHD 患者表现出了局部优势效应。这表明，对于 ADHD 患者来讲，当没有明确地指明要注意整体或注意局部时（分配性注意分件），ADHD 患者更倾向于捕捉复合模式的局部信息。这种现象可以用分配性注意的资源限制理论（limited resources theory）（Wickens，1984）来加以说明。基于这个理论我们可以知道，之所以同时关注两项任务比只做一项任务要来得困难是由于人的注意资源的限制。某项操作如果占有了更多的认知资源，那么这项操作的效果就会得到改善，那么它也越可能会对得到较少认知资源的任务进行干扰。同样，在本实验中，由于目标可能出现在整体水平，也可能出现在局部水平，那么个体同时关注刺激的两个维度，这种操作自然会受到注意资源的限制。得到较多资源的维度其正确率自然会比得到较少资源的维度的正确率要高。本研究所揭示的 ADHD 患者局部干扰效应也说明，对复合模式之局部信息的加工占用了 ADHD 儿童的更多的注意资源，因此加工得到了改善。

另外，对注意转换时前面信息与后面信息的相互作用的分析发现，ADHD 儿童存在局部到整体的加工转换困难。这种结果，我们可以通过任务转换代价（task switch cost）学说来进行解释。所谓的任务转换代价是指，不同的简单任务序列交替出现，比同样的任务序列连续出现时，被试的反应要更慢，更容易出错（Jersild，1927）。许多理论也将转换的代价归因为在任务序列构建的过程中，要花费一定时间的缘故。任务序列构建模型（the model of task set reconfiguration）认为，有一个另外的加工阶段被插在了对新任务进行加工之前（e.g.，Rogers &Monsell，1995）。这个模型认为，与不经常得到练习的任务相比，个体需要花费很少时间，或者不需要花费很多时间去适应一个熟悉的、经常得到练习的任务。ADHD 患者的局部干扰效应也说明，局部信息的加工对他们来讲，属于熟悉的任务，因而从熟悉的任务（局部加工）转换到不熟悉的任务（整体加工）需要花费更多时间，表现为局部到整体的加工转换困难。

第三节　不同观察视角下的 Navon 任务加工

一、研究目的与假设

Navon 效应指的是普通人对复合模式进行加工时，对整体信息的加工要快于对局部信息的加工，而且整体的信息会对局部的信息产生干扰，但局部信息则不会对整体信息产生干扰的现象。然而，最近的一些研究发现在一些特殊人群身上并没有出现 Navon 效应。如对于 ADHD 而言，最近至少有两篇论文揭示该障碍对复合模式进行加工时整体的优势在缩小（Song & Hakoda，2012；Kalanthroff，Naparstek，& Henik，2013）。这说明，对于复合模式的加工存在着较大的个体差异，在一片森林面前，注意缺陷多动障碍似乎更倾向于看到树木。然而 ADHD 患者中的这样倾向却并没有得到充分的探讨。因为，先前研究对此问题进行探讨时往往严格地限制了变量的条件（如刺激视角的大小），这使得我们不清楚，如果改变了相关的实验条件之后，还能不能在 ADHD 患者身上观察到整体加工优势的缩小的现象。因为，如果不充分探讨在各种条件下 ADHD 患者对复合模式的加工特点，我们得到的结论就显得片面。

实际上，前人的许多研究均揭示，我们究竟倾向于加工整体信息还是倾向于加工局部信息取决于刺激的醒目度（salience）。先前在对 Navon 任务进行研究时，经常关注实验的刺激以及相关材料可以影响到 Navon 效应的大小（Kimchi， 1992；Shedden & Reid， 2001； Volberg & Hubner， 2007）。例如，先前的研究揭示整体加工的优势取决于局部特征之间的距离（Martin，1979），局部信息的位置、整体信息的醒目程度 （Han， Wang， & Zhou，2004； Ripoll， Fiere， & Pelissier， 2005）以及刺激的大小（Poirel， Pineau， & Mellet， 2008）。其中，一个最重要的影响因素是复合刺激视角的大小（Kinchla & Wolfe， 1979； Lamb & Robertson， 1990； Navon， 2003）。研究结果表明，在视角增大的时候，个体对局部信息的注意就会得到改善，从而导致 Navon 效应的反转。

既然视角大小可能影响到我们对整体或局部信息的知觉，在 ADHD 患者中表现的整体优势的缩小是否也依赖于这一条件？对于 ADHD 患者而言，在不同的视角条件下，他们还能表现出整体优势的缩小这一现象吗？这个问题是非常重要的，因为它可以告诉我们整体优势的缩小对于 ADHD 患者而言是一种固有特征还是依赖于相应的条件。因此本研究拟在不同观察视角条件下探讨 ADHD 患者对复合模式的加工特点。本研究采用了经典的 Navon 任务，有如下几个假设：（1）前人研究表明，视角的大小对整体加工和局部加工是有影响的，这是人类视觉的特性之一（e.g.， Navon， 2003）。因此，本研究假设视角的大小对整体加工和局部加工是有影响的。对于两个组而言，当局部数字的视角变小时，整体加工就变得容易；当整体数字的视角变小时，局部加工就变得容易。（2）由于 Navon 效应是一种整体加工的偏向，它是通过整体加工的成绩与局部加工成绩的比较而计算出来的。因此，即使整体加工和局部加工均受到视角大小的影响，也不意味着对整体加工和局部加工的偏好也会受到视角大小的影响。如果对整体信息的加工的障碍是 ADHD 患者的一个固有特征的话，本研究假设视角大小的变化不会改变这一特征，在各种视角条件下，ADHD 患者仍表现出整体加工优势的缺乏。而且本研究认为，对于 ADHD 患者而言，整体对局部的干扰和局部对整体的干扰可能并没有显著性差异，对于普通被试而言，在各种视角条件下，仍能表现出整体对局部的干扰效应。（3）如果对局部的加工没有受损的话，本研究可以假设，在局部加工的任务中，ADHD 患者的表现与普通被试一样好；在整体加工的任务中，ADHD 患者表现出的局部对整体的干扰将没有显著性差异。本研究对理解 ADHD 患者的视觉加工特点具有重要的理论意义和临床价值。

二、研究方法

共有 15 名 ADHD 儿童和 17 名普通儿童参加了本次实验。ADHD 儿童的年龄范围是 8~13 岁（M=11.2，SD=1.32），智商范围 80~122（M=87.1，SD=12.7）。另外，普通儿童的年龄范围是 8~13 岁（M=11.5，SD=1.89），智商范围是 83~131（M=88.3，SD=16.2）。在本实验中，研究者采用复合字母作为实验材料。每个复合字母（H 或者 S）都是由许多小字母组成的。另外，整体字母与局部字母的视角对比是变化的。物体视角（visual angle）大小的计算公式是：

$$\alpha = \frac{360}{\pi} \arctan \left(\frac{s}{2D} \right)$$

其中，s 为物体的大小，D 为观察距离。

通过以上公式可知，当刺激的尺寸一定时，观察距离越远，物体的视角越小；而当观察距离一定时，物体的尺寸越小，视角越小。所以可以通过改变刺激尺寸或改变观察距离来调整刺激的观察视角。在本研究中，视角对比是指整体字母与局部字母视角大小的比值。通过不改变物体的整体视角，只改变物体的局部视角的办法，分别设计了三种视角条件，即大视角、中视角、小视角。三种视角条件下，整体字母的视角（横／纵）都是 4.92°/6.41°，局部字母的视角（横／纵）分别是 0.17°/0.21°、0.34°/0.42°、0.64°/0.84°，如图 5-7 所示。

图 5-7　三种不同视角条件下的复合模式

左为小视角，中为中视角，右为大视角（从小的文字看）。

另外，每种视角的刺激材料都设计了整体信息与局部信息一致（如由许多局部的 S 构成了一个整体的 S，或者由许多局部的 H 构成了一个整体的 H）和整体信息与局部信息不一致（如由许多局部的 H 构成了一个整体的 S，或者由许多局部的 S 构成了一个整体的 H）两种条件（见图 5-8）。

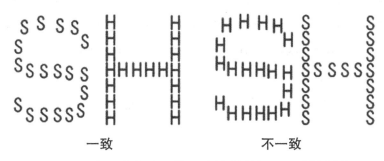

一致　　　　　　　　　　　　不一致

图 5-8　本研究中采用的一致性刺激与不一致性刺激

本实验采用选择性注意任务，具体讲，该实验包括两项任务，一项是整体指向任务，即对整体字母是否是 S 进行判断；另一项是局部指向任务，即对局部字母是否是 S 进行判断。整体任务与局部任务在被试间是随机设计的。一个任务中，目标刺激与非目标刺激、一致性刺激与非一致性刺激均以相同的概率随机呈现。每项任务中共 40 次判断。整个实验共有 3 种（视角对比）×2 类（任务指向）×40 次（判断）=240 次判断。

在实验进行时，屏幕上首先会呈现"＋"的提示，500ms 之后，呈现复合刺激。该刺激提示的时间是 3000ms，在刺激出现之后，要求被试判断呈现的刺激是否是目标刺激（S），是则用右手按"J"键，不是则用左手按"F"键。从复合模式呈现，到被试作出判断为止，这段时间被记录为被试的反应时（RTs）。实验时，要求被试看到刺激后，正确、快速地进行反应。在正式实验之前先进行练习。

三、实验结果

针对被试的原始分数，将正负3个标准差之外的反应时间从分析中排除，剩下的分数作为有效数据进行统计分析。最后基于对整体或对局部的反应时，计算出了整体对局部、局部对整体的干扰率。其计算公式如下：整体对局部的干扰率（GL）＝（局部指向加工不一致性刺激的反应时－局部指向加工一致性刺激的反应时）/局部指向加工一致性刺激的反应时。局部对整体的干扰率（LG）＝（整体指向加工不一致性刺激的反应时－整体指向加工一致性刺激的反应时）/整体指向加工一致性刺激的反应时。下面的内容将对ADHD儿童和普通被试在三种视角情况下，对整体加工（G）和局部加工（L）的反应时以及干扰率（GL和LG）进行方差分析。

表5-1 不同观察视角下 Navon 测验的平均值与标准差

			小 Small	中 Medium	在 Large
ADHD	G	Compatible	609.36（44.77）	581.07（64.32）	602.95（79.83）
		Incompatible	621.29（63.23）	632.27（79.51）	701.11（94.01）
	L	Compatible	670.23（54.44）	613.68（74.99）	608.26（68.39）
		Incompatible	685.13（47.04）	641.13（80.23）	638.05（62.89）
Contro	G	Compatible	563.70（89.10）	560.05（101.90）	542.61（93.65）
		Incompatible	562.00（90.00）	585.80（91.69）	620.16（110.85）
	L	Compatible	617.43（97.94）	582.22（74.55）	570.21（86.23）
		Incompatible	710.43（90.62）	651.74（93.56）	638.85（91.9）

Note: G ＝整体指向；L ＝局部指向。

（一）反应时

以组别（ADHD 和 control）为被试间变量，以观察视角（small，medium 和 large）和信息类型（G 和 L）为被试内变量对反应时进行了三因素方差分析。结果表明，组别的主效应不显著，$F（1，30）=2.23$，$p<0.15$；观察视角和信

息类型的主效应显著，F（2，60）= 3.02，p = 0.05，F（1，30）= 22.74，p
< 0.001；组别与观察视角的交互作用不显著，F（2，60）= 0.67，p = 0.52；
组别与信息类型的交互作用显著，F（1，30）= 5.98，p = 0.02；观察视角与
信息类型的交互作用显著，F（2，60）= 14.28，p < 0.001。

　　另外，进一步的简单效应检验表明，两组之间只有在整体信息上差异是
显著的，F（1，60）= 4.91，p < 0.05；在局部信息的加工上是不显著的，F
（1，60）= 2.70，p = 0.11；对于 ADHD 组而言，他们对两种信息的加工时间
差异是不显著的，F（1，30）= 2.67，p = 0.11；但是对于非 ADHD 组而言，
他们对两种信息的加工差异显著，F（1，30）= 26.01，p < 0.001。也就是说，
不管在何种观察视角条件下，ADHD 患者比普通被试对整体信息进行加工时
需要花费更多的时间，而他们在对局部信息的加工上与普通被试表现一样，
即验证了 ADHD 患者在对复合模式进行加工时整体优势效应的衰减。据图 5-9
可知，两组在局部加工的时间上没有差异，而在整体的加工上 ADHD 患者明
显需要更多的时间。这说明了 ADHD 患者存在整体优势效应的衰减现象（Error
bars: SEs）。

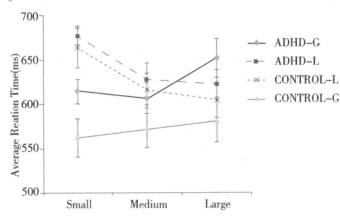

图 5-9　两组被试各种观察视角条件下整体加工（G）

以及局部加工（LG）的时间

（Error bars: SEs）

（二）干扰率

以组别（ADHD 和 control）为被试间变量，以观察视角（small，medium 和 large）和干扰类型（GL 和 GL）为被试内变量对反应时进行了三因素方差分析。结果表明组别的主效应以及观察视角的主效应显著，$F(1, 30)=5.25$，$p=0.03$，$F(1, 30)=22.83$，$p<0.001$；组别与观察视角的交互作用不显著，$F(2, 60)=0.59$，$p=0.56$；组别与干扰类型的交互作用显著，$F(1, 30)=22.83$，$p<0.001$；观察视角与干扰类型的交互作用显著，$F(2, 60)=9.30$，$p<0.001$。

另外，进一步进行的简单效应检验表明，两组之间只有在整体对局部信息的干扰上差异是显著的，$F(1, 60)=23.32$，$p<0.001$，而在局部对整体的干扰上差异是不显著，$F(1, 60)=1.74$，$p=0.19$。也就是说，与对照组相比，ADHD 患者不管在何种观察视角条件下，在对局部指向的反应中，他们对一致性刺激和非一致性刺激的加工时间差不多，即他们表现出了整体对局部干扰的衰减现象。由图 5-10 可知：两组在局部对整体的干扰率上没有差异，而在整体对局部的干扰率上，ADHD 患者明显少于对照组。这说明了 ADHD 患者存在整体干扰的衰减现象。

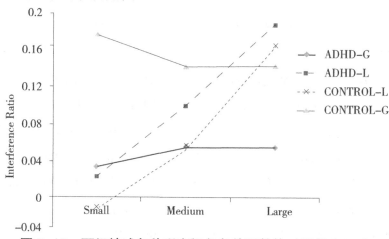

图 5-10　两组被试各种观察视角条件下整体对局部（GL）
以及局部对整体（LG）的干扰率

（Error bars: SEs）

四、讨论

本节主要探讨 ADHD 儿童在刺激的视角变化的时候是否仍会表现出整体加工优势或整体干扰效应的衰减。研究发现，视角的变化会影响到被试对复合模式的注意，即当局部的数字视角较小的时候，被试更容易检出整体的数字；当整体的数字视角较小的时候，被试更容易检验局部的数字。然而，本研究并没有观察到视线变化对整体干扰的影响，这可能是由于出现了天花板效应。因为本实验对整体数字的视角是保持恒定的。另外，本研究也验证了前人实验中得到的结论，如普通儿童在复合模式加工中，表现出了 Navon 效应，而 ADHD 儿童则缺失这种效应（Kalanthroff et al.， 2013；Song & Hakoda，2012）。最重要的是，本实验发现，虽然对两个组而言视角的变化均影响他们对整体、局部数字的注意，但是 ADHD 儿童表现出的整体加工衰减和不伴随局部加工的障碍并不受到视角变化的影响。该结论进一步说明整体加工的缺陷而不带有局部加工的缺陷是 ADHD 患者认知加工中的一个重要特征。ADHD 儿童表现出的整体对局部加工的干扰和局部对整体加工的干扰之间存在不对称性，这进一步说明，这两种干扰的机制可能存在差异。

但是为什么 ADHD 患者会表现出更少的整体优势效应以及整体干扰效应呢？来自脑科学的研究可能为该问题提供一些证据。关于整体与局部加工的脑区，许多研究指出右脑主要负责整体加工，而左脑主要负责局部加工（e.g.，Delis，Robertson，& Efron，1986；Robertson & Lamb，1991）。Fink 等（1996）发现，当个体指向整体特征时，右侧舌回（the right lingual gyrus）的脑血流量（relative regional cerebral blood flow， rCBF））就会增加。而当指向局部特征时，左侧舌回的脑血流量就会增加。另外，前人的研究也指出当处理局部信息时，右脑活动更容易受到整体信息的干扰， 而当处理整体信息时，左脑活动更容易受到局部信息的干扰（Sergent，1982； Martin，1979）。

而以上关于整体与局部加工的脑区的相关研究与 ADHD 患者有什么联系呢？实际上，先前的许多研究发现，ADHD 患者的核心症状主要与右脑功能的缺陷有关。前人采用核磁共振（magnetic resonance imaging，MRI）研究发现，ADHD 患者的右前额叶体积（right anterio frontal volume）比较小，而且尾状核（the caudate nucleus）也是不对称的（Castellanos et al.，1994；Castellanos et al.，1996；Filipek，Semrud-Clikeman，Steingard，Renshaw，Kennedy，Biederma，1997）。另外也有研究发现 ADHD 患者的白质区域发育不成熟，特别是胼胝区域（the corpus callosum）（Hynd，Semrud-CIikeman，Lory，Novey，Eliopulous，& Lyytinen，1991）。而右脑的白质构成更多，因此这也反映了 ADHD 患者右脑功能的低下（Gur et al.，1980；Goldberg & Costa，1981）。另外，近几十年的脑成像的研究发现 ADHD 患者的右脑背外侧体积比较小（Yeo et al.，2003）。另外的研究发现，ADHD 患者的右顶叶皮质（right parietal cortex）、右前额叶（right inferior prefrontal gyrus）、右额上回（right superior frontal gyrus）等区域均存在障碍（Vance et al.，2007；Waldie & Hausmann，2010；Aron & Poldrack，2005；Almeida et al.，2010）。如果 ADHD 患者中这些研究结果是可靠的话，那么可以进一步推测，右脑的损伤将会导致他们整体加工优势以及整体干扰效应的衰减。

该研究结论对我们理解 ADHD 患者的症状、诊断标准以及训练策略具有重要的启示意义。第一，本研究发现了 ADHD 患者缺乏整体优势效应以及整体干扰效应，这有助于我们对 ADHD 患者的理解。同时，这也说明缺乏整体优势效应以及整体干扰效应是 ADHD 患者的一个重要特征，这种特征不依赖于刺激视角的变化。这带来了一个新的问题，即 ADHD 在进行视觉加工时是否存在一个整体的图式。虽然 DSM-V 中认为对局部加工的困难是 ADHD 患者的症状之一，上述的研究结论说明，对整体加工的困难可能是 ADHD 患者的一个更加核心的症状，该症状可能为我们对 ADHD 患者的诊断提供更多的信息。对于训练而言，在强调 ADHD 患者对局部加工缺陷的同时，还应该关注他们对整体加工的困难，这也是应该训练的一项内容。第二，该研究发现，ADHD 患者在局部加工上不存在明显的障碍。该研究结论对美国精神疾病分类诊断手册中关于 ADHD 的定义（DSM-V，APA，2013）提出了质疑。该定义强调 ADHD 患者的不注意症状表现在对细节信息的不注意上。在此，研究者必须要指出的是的确有很多证据说明 ADHD 患者在细节的加工上是存在缺陷的。然而，本研究的结论说明至少在有些视觉加工的认知任务上 ADHD 患者对细节的加工不存在缺陷，与细节的加工相比，他们更容易出现对整体信息的加工缺陷。这看似与 DSM-V 中的描述是矛盾的。有一种可能性是 ADHD 患者的确存在细节加工的缺陷，但是这种缺陷并不是他们对局部信息的选择性注意缺陷造成的。在理解这种缺陷的时候，我们必须考虑其他的原因，如执行功能或工作记忆等。

参考文献

Almeida, L.G., Ricardo-Garcell, J., Prado, H., Barajas, L., Fernández-Bouzas, A., vila, D., & Martínez, R.B. （2010）. Reduced right frontal cortical thickness in children, adolescents and adults with ADHD and its correlation to clinical variables: a cross-sectional study. Journal of Psychiatric Research, 44（16）, 1214-1223.

American Psychiatric Association. （2013）. Diagnostic and statistical manual of mental disorders （5th ed.）. Washington, D.C.: Author.

Angold, A., Prendergast, A., Cox, R., Harrington, E., Simonoff, E., & Rutter, M. （1995）. The child and adolescent psychiatric assessment （CAPA）. Psychological Medicine, 25, 739-753.

Aron, A.R., & Poldrack, R.A. （2005）. The cognitive neuroscience of response inhibition: relevance for genetic research in attention-deficit/hyperactivity disorder. Biological psychiatry, 57（11）, 1285-1292.

Almeida, L.G., Ricardo-Garcell, J., Prado, H., Barajas, L., Fernández-Bouzas, A., vila, D., & Martínez, R.B. （2010）. Reduced right frontal cortical thickness in children, adolescents and adults with ADHD and its correlation to clinical variables: a cross-sectional study. Journal of Psychiatric Research, 44（16）, 1214-1223.

American Psychiatric Association （APA）.（2013）. Diagnostic and statistical manual of mental disorders （5th ed.）. Washington, D.C.: American Psychiatric Association.

Baron-Cohen, S.（2005）.The empathizing system: a revision of the 1994 model of the mindreading system. In Ellis B, Bjorklund D, (Ed.), Origins of the social mind. Guilford Publications.

Barkley, R.A.（1997）. Behavioral inhibition，sustained attention, and executive functions: Constructing a unifying theory of ADHD. Psychological Bulletin，121，65-94.

Castellanos, F.X., Giedd, J.N., Eckburg, P., Marsh, W.L., Vaituzis, A.C., Kaysen, D.,& Rapoport, J.L.（1994）. Quantitative morphology of the caudate nucleus in attention deficit hyperactivity disorder. American Journal of Psychiatry, 151(12), 1791-1796.

Castellanos, F.X., Giedd, J.N., Marsh, W.L., Hamburger, S.D., Vaituzis, A.C., Dickstein, D.P.,& Rapoport, J.L.（1996）. Quantitative brain magnetic resonance imaging in attention-deficit hyperactivity disorder. Archives of general psychiatry, 53（7）,607-616.

Cohen，J.D.，Dunbar，K.，& McClelland，J.L.（1990）. On the control of automatic processes: A parallel distributed processing account of the Stroop effect. Psychological Review，97，332-361.

Conners, C.K.（1998）. Rating scales in attention deficit hyperactivity disorder: Use in assessment, and treatment and monitoring. Journal of Clinical Psychiatry, 59, 24-30.

Delis, D.C., Robertson, L.C., & Efron, R.（1986）. Hemispheric specialization of memory for visual hierarchical stimuli. Neuropsychologia, 24（2）, 205–214.

Delis, D.C., Robertson, L.C., & Efron, R.（1986）. Hemispheric specialization of memory for visual hierarchical stimuli. Neuropsychologia, 24（2）, 205–214.

Fink, G.R., Halligan, P.W., Marshall, J.C., Frith, C.D., Frackowiak, R.S.J., & Dolan, R.J.（1996）. Where in the brain does visual attention select the forest and the trees?

Fink, G.R., Halligan, P.W., Marshall, J.C., Frith, C.D., Frackowiak, R.S.J., & Dolan, R.J.（1996）. Where in the brain does visual attention select the forest and the trees?.

Filipek, P.A., Semrud–Clikeman, M., Steingard, R.J., Renshaw, P.F., Kennedy, D.N., & Biederman, J.（1997）. Volumetric MRI analysis comparing subjects having attention–deficit hyperactivity disorder with normal controls. Neurology, 48（3）, 589–601.

Gur, R.C., Packer, I.K., Hungerbuhler, J.P., Reivich, M., Obrist, W.D., Amarnek, W.S., & Sackeim, H.A.（1980）. Differences in the distribution of gray and white matter in human cerebral hemispheres. Science, 207（4436）, 1226–1228.

Goldberg, E., & Costa, L.D.（1981）. Hemisphere differences in the acquisition and use of descriptive systems. Brain and Language, 14（1）, 144–173.

Hynd, G.W., Semrud–Clikeman, M., Lorys, A.R., Novey, E.S., Eliopulos, D., & Lyytinen,H.（1991）. Corpus callosum morphology in attention deficit–hyperactivity disorder: Morphometric analysis of MRI. Journal of Learning Disabilities, 24（3）, 141–146.

Han, S.H., Wang, C., & Zhou, L.（2004）. Global and local processing under attended and unattended conditions. Acta Psychologica Sinica, 36, 410–416.

Jersild, A.T.（1927）. Mental set and shift. Archives of Psychology.

Kalanthroff, E., Naparstek, S., & Henik, A.（2013）. Spatial processing in adults with attention deficit hyperactivity disorder. Neuropsychology, 27（5）, 546–

555.

Kimchi, R. （1992）. Primacy of wholistic processing and global/local paradigm: A critical review. Psychological Bulletin, 112, 24–38.

Kinchla, R.A., & Wolfe, J.M. （1979）. The order of visual processing: "Top–down", "bottom–up", or "middleout". Perception & Psychophysics, 25, 225–231.

Lamb, M.R., & Robertson, L.C. （1990）. The effect of visual angle on global and local reaction times depends on the set of visual angles presented. Perception & Psychophysics, 47, 489–496.

MacLeod, C.M., & Dunbar, K. （1988）. Training and Stroop–like interference: Evidence for a continuum of automaticity. Journal of Experimental Psychology: Learning, Memory, and Cognition, 14, 126–135.

MacLeod, C.M. （1991）. Half a century of research on the Stroop effect: An integrative review. Psychological Bulletin, 109, 163–203.

Morton, J., & Chambers, S.M. （1973）. Selective attention to words and colors. Quarterly Journal of Experimental Psychology, 25, 387–397.

Martin, M. （1979）. Local and global processing: The role of sparsity. Memory and Cognition, 7, 476–484.

Navon, D. （2003）. What does a compound letter tell the psychologist's mind? Acta Psychologica, 114, 273–309.

Navon, D. （1981）. Do attention and decision follow perception? Comment on Miller. Journal of Experimental Psychology: Human Perception and Performance, 7, 1175–1182.

Navon, D. （1977）. Forest before the trees: The precedence of global features in visual perception. Cognitive Psychology, 9, 353–383.

Ohashi, T., & Gyoba, J. （2009）. Compound Digit Cancellation Test （CDCT）. Fukuoka, Japan: Toyo Physical Press.

Poirel, N., Pineau, A., & Mellet, E. （2008）. What does the nature of the stimuli tell us about the Global Precedence Effect? Acta Psychologica, 127, 1–11.

Plaisted, K., Swettenham, J., & Rees, L. （1999）. Children with autism show local precedence in a divided attention task and global precedence in a selective attention task. Journal of child psychology and psychiatry, 40（5）, 733–742.

Posner, M.I., & Snyder, C.R.R. （1975）. Attention and cognitive control. In R. L. Solso （Ed.）, Information processing and cognition: The Loyola symposium （pp.55–85）. Hillsdale, NJ: Erlbaum.

Rawlings, D., & Claridge, G. （1984）. Schizotypy and hemisphere function–III: Performance asymmetries on tasks of letter recognition and local–global processing. Personality and Individual Differences, 5（6）, 657–663.

Ripoll, T., Fiere, E., & Pelissier, A. （2005）. Relative weight of local and global properties depends on both the position of local elements and the saliency of global form. Experimental Psychology, 52, 272–280.

Robertson, L.C., & Lamb, M.R. （1991）. Neuropsychological contributions to theories of part/whole organization. Cognitive psychology, 23（2）, 299–330.

Rinehart, N.J., Bradshaw, J.L., Moss, S.A., Brereton, A.V., & Tonge, B.J. （2000）. A typical Interference of Local Detail on Global Processing in High - functioning Autism and Asperger's Disorder. Journal of Child Psychology and Psychiatry, 41 （6）, 769–778.

Rogers, R.D., & Monsell, S. （1995）. Costs of a predictible switch between simple cognitive tasks. Journal of Experimental Psychology: General, 124（2）, 207.

Shedden, J.M., & Reid, G.S. （2001）. A variable mapping task produces symmetrical interference between global information and local information. Perception and Psychophysics, 63, 241–252.

Sergent, J. （1982）. The cerebral balance of power: confrontation or cooperation? Journal of Experimental Psychology: Human Perception and Performance, 8(2), 253–272.

Stroop, J.R. （1935）. Studies of interference in serial verbal reactions. Journal of Experimental Psychology, 18, 643–662.

Song, Y., & Hakoda, Y. （2012）. The interference of local over global information processing in children with attention deficit hyperactivity disorder of the inattentive type. Brain and Development, 34 （4）, 308–317.

Vance, A., Silk, T.J., Casey, M., Rinehart, N.J., Bradshaw, J.L., Bellgrove, M.A., & Cunnington, R. （2007）. Right parietal dysfunction in children with attention deficit hyperactivity disorder, combined type: a functional MRI study. Molecular psychiatry, 12 （9）, 826–832.

Volberg, G., & Hubner, R. （2007）. Deconfounding the effects of congruency and task difficulty on hemispheric differences in global/local processing. Experimental Psychology, 54, 83–88.

Vance, A., Silk, T.J., Casey, M., Rinehart, N.J., Bradshaw, J.L., Bellgrove, M.A., & Cunnington, R. （2007）. Right parietal dysfunction in children with attention deficit hyperactivity disorder, combined type: a functional MRI study. Molecular psychiatry, 12 （9）, 826–832.

Wickens, C.D. （1984）.Processing resources in attention. In Parasuraman R., Davies R （ed.）.Varieties of attention, 63–102.

Waldiea, K.E., & Hausmannb, M. （2010）. Right fronto–parietal dysfunction in children with ADHD and developmental dyslexia as determined by line bisection judgments. Neuropsychologia, 48, 3650–3656.

Yeo, R.A., Hill, D.E., Campbell, R.A., Vigil, J., Petropoulos, H., Hart, B., & Brooks,W. M. （2003）. Proton magnetic resonance spectroscopy investigation of the right frontal lobe in children with attention–deficit/hyperactivity disorder. Journal of the American Academy of Child & Adolescent Psychiatry, 42 （3）, 303–310.

第六章　注意缺陷多动障碍的认知灵活性

第一节　注意缺陷多动障碍与 WCST 任务

一、研究目的与假设

最近的关于 ADHD 的理论研究提示了 ADHD 患者的大部分症状来源于或部分来源于其认知灵活性的异常（Denckla, 1996; Barkley, 1997; Nigg, 2001）。认知灵活性是指自由地从一个概念转向另一个概念或者根据情境的需要自如地改变行为或思考的序列的能力（Walsh, 1978; Lezak, 1983; Logan & Cowan, 1984）。认知的灵活性也被认为是认知执行功能中的一项重要能力（Ozonoff, 1997）。当个体不能根据任务的要求灵活地将他的注意力从一项任务转换到另一项任务，那么就会产生刻板现象（perseveration）。具体地讲，刻板是指在认知操作时，不适当地或者不注意地重复某种反应或行为序列的现象。刻板也是精神分裂症的主要症状之一（Crider, 1997）。

Freeman 和 Gathercole（1966）基于对精神分裂症病人的研究，提出了第一个关于刻板的模型。在这个模型中，他们认为刻板主要分为三种类型：广泛性刻板（compulsive perseveration）、特定性刻板（ideational perseveration）以及转换障碍（impairment of switching）。广泛性刻板是指重复地表现出某种动作或者重复某些词语的现象。例如，在演讲中重复使用某个词或短语。特定性刻板是指在演讲中不自觉地重复某些题目或主题的现象。与广泛性刻板的不同之处在于，特定性刻板不是单个词的重复而是一个想法的不断重复。转换障碍是指当第一个刺激引发一个反应之后，第二个不同的刺激出现时个体还是重复对第一个刺激同样的反应的现象（Freeman & Gathercole，1966）。带有这种刻板的患者，他们对任务的转换存在困难。比如在数学运算中，他们可能在从加法运算转换到减法运算上存在困难。这种类型的刻板也被称为任务卡壳（stuck-in-set），一般可以通过威斯康星卡片排列测验（Wisconsin Card Sorting Test，WCST）来进行测量（McBurnett et al.，1993；Ozonoff，1995）。

关于 ADHD 患者中的刻板行为的大多数研究关注任务转换障碍型的刻板。许多研究表明，ADHD 儿童在与认知灵活性相关的行为上与普通的个体之间存在显著性的差异。最近也有研究提示，包括认知灵活性在内的执行功能的障碍可能在 ADHD 患者的病理中扮演重要角色（Tsuchiya，Oki，Yahara，& Fujieda，2005）。另外也有些研究表明，与精神分裂症类似，ADHD 患者同样表现出了认知刻板的倾向（Boucagnani & Jones，1989；Fischer，Barkley，Smallish，& Fletcher，2005）。

二、研究方法

共有 15 名 ADHD 儿童和 15 名非 ADHD 儿童参加了该测试。ADHD 患者的年龄泛围是 8~13 岁（M = 11，SD = 1.47），智商范围是 70~120（M = 86.7，SD = 13.4）；非 ADHD 儿童的年龄范围是 8~13 岁（M = 11，SD = 1.51），

智商泛围为 75~130（M = 89，SD = 12.7）。采用威斯康星卡片排列测验（Wisconsin Card Sorting Test，WCST）来衡量个体认知的灵活性。WCST 要求被试将 4 张在形状、颜色或数量上不同的卡片与目标卡片进行匹配。匹配可以根据颜色（红、绿、蓝、黄）、形状（星形、三角形、十字形、圆形）、数量（1、2、3、4）三个标准中的任何一个标准进行。在本实验中，采用 WCST 电脑测验进行测试。电脑有自己的分类标准，被试的任务是要找出电脑的分类标准。被试每做一次分类，电脑都会对被试分类的正误进行反馈。如果是错误的反馈，则要求被试重新调整自己的分类标准。被试根据某一分类标准，连续正确判断 10 次算作完成了一个正确的分类（categories achieved，CA）。在连续正确判断 10 次之后，在不告知被试的情况下，电脑的分类标准会自动改变。被试需要根据电脑的反馈，迅速调整自己的分类标准。在测验的过程中，分类的标准是随机设计的，并且保证两个相同的分类标准不会连续出现。

当电脑的分类标准改变的时候，被试还是固执地按照某一标准进行分类，被认为是一次刻板错误（perseverative error，PE）。除了刻板错误之外，还存在其他类型的错误，如果是发生在转换分类标准的过程中的错误，就称为非刻板错误（non-perseverative error，NPE）。完成的分类数（CA）、刻板错误（PE）和非刻板错误（NPE）是评估被试认知灵活性的指标。

认知灵活性测试时，目标刺激被呈现在 14 英寸屏幕的中央，其视角大小（横、纵）为 2°×2°。被试的观察距离为 50cm。被试要求根据卡片的形状、颜色或数量从下面的四个选项中，选出一个与中央的目标刺激同类的刺激。在正式开始测试之前，先要进行练习。在被试充分理解了实验作答的要求之后进入正式实验。作答没有时间限制，在 128 次反应之后，程序自动退出并记录被试反应的 CA、PE 和 NPE 等指标。

三、研究结果

这一部分将对 WCST 测验中的各种分数（CA、PE 和 NPE）进行两组被试间的 t 检验和方差分析。

首先对 ADHD 患者和普通被试在 WCST 中达成的类别数（CA）进行了独立样本的 t 检验。结果表明，两组在完成的类别数上存在显著性差异，$t(28)=4.78$，$p<0.001$。由图 6-1 可见，ADHD 儿童的完成类别数要比普通被试完成的类别数要少（见图 6-1）。另外，以组别为被试间变量，以错误类型（PE 或 NPE）为被试内变量，对错误数量进行了两因素重复测量实验设计的方差分析。结果表明，组别的主效应显著，$F(1, 28)=13.82$，$p<0.001$；错误类型的主效应显著，$F(1, 28)=224.46$，$p<0.001$；两者之间的交互作用也显著，$F(1, 28)=13.30$，$p<0.001$。进一步的简单效应检验表明，两组只有在刻板性错误（PE）上差异显著，$F(1, 56)=24.22$，$p<0.001$，而在非刻板性错误（NPE）上的差异不显著，$F(1, 56)=3.22$，$p=0.08$。结果如图 6-1 所示：（a）两组被试在 WCST 测验中完成的类别数；（b）两组被试在 WCST 测验中的刻板性错误（PE）。该结果说明了 ADHD 患者存在认知灵活性的问题。

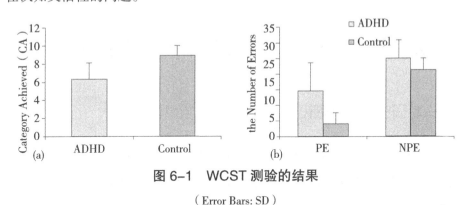

图 6-1　WCST 测验的结果

（Error Bars: SD）

四、讨论

对 ADHD 儿童和普通被试在 WCST 测验中完成的分类数（CA）的统计分析结果表明：在 128 次判断中，ADHD 儿童完成的分类数要显著低于同年龄的普通被试。刻板性错误是衡量认知灵活性的重要指标。两组只在刻板性错误上存在显著性差异。这充分表明 ADHD 儿童在认知的灵活性上要比普通被试差。该结论与前人的研究结果是一致的。Tsuchiya 等（2005）以 22 名 ADHD 儿童和 25 名普通儿童为被试进行了电脑版的 WCST 测验。结果表明在完成的分类数（ADHD：6.5；non-ADHD：8.8）、非刻板性错误（ADHD：25；non-ADHD：19.9）、刻板性错误（ADHD：8.4；non-ADHD：2.3）等分数上，两组之间存在显著性差异。

虽然，也有研究表明，ADHD 患者在 WCST 上的表现与普通被试并没有显著性差异（Pennington，Groisser，& Welch，1993），但是大部分的研究都表明 ADHD 患者在认知灵活性上存在明显的障碍（e.g.，Shue & Douglas，1992；Reeve & Schandler，2001；Tripp et al.，2002；Houghton et al.，1999；Schmitz et al.，2002）。另外，也有研究发现，ADHD 患者在 WCST 上的表现较差且不同类型 ADHD 患者之间不存在显著性差异（Houghton et al.，1999；Schmitz et al.，2002）。

第二节　认知灵活性与 Navon 任务的关系

一、研究目的与假设

前人的研究大多揭示了 ADHD 儿童区别于普通个体的认知灵活性的障碍。另外，很多研究也揭示了 ADHD 儿童的干扰控制障碍（Barkley，1997）。认知灵活性和干扰控制同属于个体的执行功能系统，这说明认知灵活性能力可能与干扰控制能力之间存在一定的相关。然而，前人却很少关注认知灵活性与干扰控制（如 Navon 任务）之间的关系。比如，是否认知灵活性高的个体在对 Navon 任务上的操作也要优于认知灵活性差的个体？因此，本研究拟探索整体、局部信息加工与个体认知灵活性的关系。研究假设，认知灵活性与

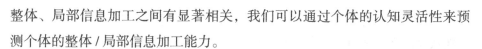

整体、局部信息加工之间有显著相关，我们可以通过个体的认知灵活性来预测个体的整体 / 局部信息加工能力。

Navon 效应指的是一种对整体加工先于对局部加工的倾向（Navon，1977）。然而，最近有研究发现，在 ADHD 患者中观察到了一种缺少整体加工优势的倾向（Song & Hakoda, 2012; Kalanthroff, Naparstek, & Henik, 2013），该发现说明个体差异（individual difference）的某些特征可能会影响到对整体以及局部信息的加工。

关于个体差异，有研究指出整体以及局部加工能力会随着年龄变化而变化（Poirel, Mellet, Houdé, & Pineau, 2008）。另外随着个体胼胝体前部（the anterior corpus callosum）的大小变化，个体对整体加工的优势也发生着变化（Muller-Oehring, Schulte, Raassi, Pfefferbaum, & Sullivan, 2007）。用右手或左手的习惯的差异也会导致整体加工优势或局部加工优势的反转（Mevorach, Humphreys, & Shalev, 2005）。也有研究表明，具体强迫性个性特征的人（obsessive-compulsive personalities），更倾向于关注局部信息（Yovel, Revelle, & Mineka, 2005）。据笔者所知，ADHD 患者的整体加工优势衰减究竟与他们的哪一种心理特征有关至今尚没有得到充分研究。

最近关于 ADHD 的研究理论多认为，ADHD 患者的许多注意症状均与他们执行功能的缺陷有关（Denckla, 1996; Barkley, 1997; Nigg, 2001）。认知灵活性是个体执行功能的核心部分（Ozonoff, 1997）。它指的是一种在不同概念或行为之间根据操作目的的需要灵活转换的能力（Walsh, 1978; Lezak, 1983; Logan & Cowan, 1984）。威斯康星卡片排序测验（the Wisconsin Cart Sorting Test, WCST）（Heaton, 1981）是一个用来评估个体认知灵活性的测验。用此测验来测试 ADHD，其结果表明 ADHD 患者在认知灵活性上存在障碍（Tsuchiya, Oki, Yahara, & Fujieda, 2005; Shue & Douglas, 1992; Reeve & Schandler, 2001; Tripp, Ryan, & Peace, 2002; Fischer, Barkley, Smallish, & Fletcher, 2005）。

先前关于 ADHD 患者对复合模式进行加工的研究结果发现，ADHD 患者存在从局部到整体加工转换的困难（Song & Hakoda，2012）。这进一步说明，ADHD 患者对整体的加工缺陷可能与他们认知灵活性的缺陷有关。但是我们很少知道，是否对于认知灵活性较差的患者来说，他们对整体信息的加工也较少？这是一个非常重要的问题。因为它能告诉我们 ADHD 患者的个体特征是如何影响他们对复合模式进行加工的。因此，本研究拟探讨 ADHD 的认知灵活性与复合模式加工之间的关系。

二、研究方法

参加前述 WCST 测验的 15 名 ADHD 儿童，以及 15 名普通学生也参加了本测试。本测试采用复合数字划消测验（Compound Digit Cancellation Test CDCT，Ohashi & Gyoba，2009）来评估整体与局部信息的加工。

三、研究结果

（一）复合数字划消测验的结果分析

以组别（ADHD 组或对照组）作为组间变量，以信息类型（G 或 L）作为组内变量，对划消的正确率进行两因素被试内实验设计的方差分析。结果表明，组别变量以及信息类型变量的主效应均显著，$F_{(1, 28)} =6.71$，$p<0.05$；$F_{(1, 28)} =18.30$，$p<0.001$；两个变量之间的交互作用效应接近显著水平，$F_{(1, 28)} =4.0$，$p=0.06$。鉴于交互作用表现出了显著倾向，又对两个变量的交互作用进行了简单效应检验。结果表明，两个组在整体信息的划消上存在显著性差异，$F_{(1, 56)} =7.42$，$p<0.001$，而在局部信息的划消上不存在显著性差异，$F_{(1, 56)} =2.20$，$p=0.14$。

以组别（ADHD 组或对照组）作为组间变量，以划消转换类型（G to L 或 L to G）作为组内变量，对划消的正确率进行两因素被试内实验设计的方差分析。结果表明，组别变量以及信息类型变量的主效应均显著，F（1，28）=23.78，p<0.001，F（1，28）=8.42，p<0.01；两个变量之间的交互作用效应显著，F（1，28）=7.26，p<0.05。接着，又对两个变量的交互作用进行了简单效应检验的分析。结果表明，两个组在整体信息向局部信息转换的划消上存在显著性差异，F（1，56）=14.46，p<0.001，而在局部信息对整体信息转换的划消上不存在显著性差异，F（1，56）=1.92，p=0.17。最终结果如图6-2所示：两组在局部信息（L）的加工上没有显著性差异，而他们在整体指向的信息（G）的加工上存在显著性差异。这说明了ADHD患者存在整体加工的缺陷。（b）为被试对CDCT中两种连续划消条件的正确率。由图6-2可知两组只有在L to G的划消上有显著性差异。这说明了他们存在从局部向整体划消转换的困难。

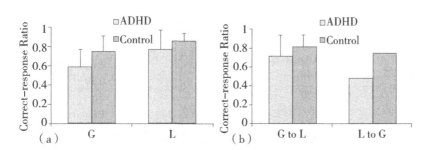

图 6-2　被试对 CDCT 中整体信息与局部信息的划消正确率

（Error Bars: SDs）

（二）WCST 与 CDCT 各项指标的相关分析与回归分析

分别针对 ADHD 儿童和普通被试，对 CDCT 的各项指标与认知的刻板性错误指标之间的关系进行了相关分析，结果如表 6-1 所示。从表中可以看出，认知的刻板性错误（PE）与整体加工正确率（G）以及局部对整体的干扰（LG）之间呈显著负相关，r=-0.63，p<0.01；r=-0.58，p<0.05。然而在普通被试中并没有发现同样的相关（p>0.3）。

表6-1　刻板性错误（PE）与CDCT中各分数的皮尔逊相关（Pearson Correlations）

		G	L	G to L	L to G
ADHD	r	−0.63**	−0.36	−0.44	−0.58*
	p	0.01	0.19	0.10	0.03
Control	r	−0.29	0.16	−0.11	−0.09
	p	0.32	0.57	0.70	0.75

　　另外，在 ADHD 儿童中，为了检验 PE 对 CDCT 中 G 和 LG 的预测效果，研究者进行了一元线性回归分析。结果表明，PE 进入了回归方程，且对 G 和 LG 的回归方程是显著的，$F(1, 14)=8.72$，$p<0.001$；$F(1, 14)=6.45$，$p<0.05$。回归线的结果详见图 6-3：对于 ADHD 患者来讲，PE 对 G 的回归效应显著。刻板性错误（PE）对部分—整体划消的正确率（LG）的回归对于 ADHD 来讲，PE 对 LG 的回归效应显著。

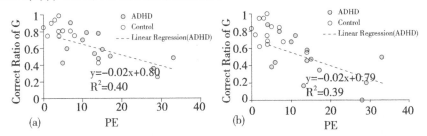

图 6-3　刻板性错误（PE）对整体划消的正确率（G）的回归

四、讨论

　　本实验的目的是通过 WCST 测验以及 CDCT 测验来探索 ADHD 患者的认知灵活性与其整体、局部加工之间的关系。相关分析的结果表明，PE 与 G 和 LG 之间存在负相关，而 PE 与 L 或 GL 并没有表现出显著的相关。这种相关表明，PE 越高个体在 G 和 LG 上的表现越差，也就是说个体的认知灵活性越差，其对整体的加工越差，即个体的认知灵活性与整体指向的加工之间存在正相关。这也说明，认知灵活性差的 ADHD 儿童难以抵制来自局部信息的干扰，并且在由局部到整体转换的过程中存在困难。另外，PE 对 G 和 LG 的分归方程也

是显著的，表明 PE 对 G 和 LG 有显著的预测效果。

　　为什么在 ADHD 患者中，认知灵活性与局部指向的加工不相关，而与整体指向的加工之间会存在正相关呢？脑成像的相关研究或许可以给我们一定启示：前人脑成像的相关研究表明，WCST 测验和 Navon 任务都能激活同一大脑部位，即背侧前额叶（dorsal part of the prefrontal cortex，PFC）。长期以来，WCST 测验一直被认为是一个与大脑前额叶功能密切相关的测验，而刻板性错误则可以反应大脑前额叶的功能（Milner，1963）。脑功能成像的研究已经重复地证明，WCST 可以激活 PFC 区域（Berman，Ostrem，& Randolph，1995；Nagahama，Fukuyama，& Yamauchi，1996），而 PFC 区域的损伤则可以导致被试在 WCST 操作上的困难。

　　另外，也有研究揭示，由整体加工和局部加工而引起的认知冲突对激活大脑 PFC 区域的作用是不同的。例如，Ciaramelli 等（2007）以及 Billingtona，Baron-Cohen 和 Daniel Bor（2008）采用事件相关的 fMRI 方法，研究了整体加工和局部加工对这一区域的作用。结果表明，对整体的加工激活了这一区域，即对整体的加工比对局部的加工更加依赖 PFC 的活动。

　　如果以上结论正确的话，那么 PFC 区域的损伤无疑会对整体的加工造成更大的影响。实际 PFC 区域损伤也被认为是 ADHD 儿童的重要的病理表现之一（Vaidya et al.，1998；Arnsten，2001；Castellanos & Tannock，2002）。因此，ADHD 患者的认知灵活性越差，他们对整体的加工也越差。WCST 和 Navon 任务与 PFC 区域的关系以及 ADHD 儿童 PFC 区域的障碍可以解释为什么在 ADHD 患者中认知灵活性只与整体指向的加工（G 和 LG）有关的结论。当然，WCST 课题本身可能并不只包含认知灵活性这一项认知能力的测查，还包括工作记忆能力等其他认知能力的测查。因此，为了进一步澄清认知灵活性与整体、局部加工之间的关系，还需要采用其他的认知灵活性的研究方法，进一步进行相关实验。如采用标准化的注意转换任务，可能会更好地理解认知灵活性与复合模式加工之间的关系。

　　为什么在 ADHD 患者中认知灵活性会与整体加工呈正相关呢？来自脑科

学的发现为这一问题提供了参考。WCST 测验分数与 CDCT 测验分数的相关可能反应了这两项任务均可以激活同一脑区。而事实证明，在进行这两项任务时，背侧前额叶皮层的区域（the prefrontal cortex，PFC）被激活了。前人研究表明，WCST 是一个经常用来评估前额叶皮层区域功能的认知神经心理学测验（Milner，1963）。而脑功能的相关研究表明在进行该测验时，明显激活了被试的前额叶皮层（Berman，Ostrem，&Randolph，1995；Nagahama，Fukuyama，&Yamauchi，1996）。还有研究发现该区域的损伤会导致在 WCST 操作上的困难（Miyake et al.，2000）。

另外，针对 Navon 任务，有研究发现整体干扰和局部干扰在对前额叶皮层的激活上是不对称的。例如，Ciaramelli 等（2007）以及 Billingtona，Baron-Cohen 和 Daniel Bor（2008）采用 fMRI 对整体加工和局部加工对 fMRI 前额叶皮层的激活进行了研究，结果发现对整体信息进行指向时激活了前额叶皮层区域。如果以上研究结论正确的话，那么前额叶皮层的损伤将有损整体指向的加工。实际上，许多研究均发现，ADHD 患者的症状与前额叶功能的缺陷有密切关系（Vaidya et al.，1998；Arnsten 2001；Castellanos & Tannock，2002）。因此，ADHD 患者对整体加工的缺陷明显与其认知灵活性缺陷相关，通过训练 ADHD 的认知灵活性可能会提高其整体加工的表现。

参考文献

Boucagnani，L.L.，& Jones，R.W.（1989）. Behaviors analogous to frontal dysfunction in children with attention deficit hyperactivity disorder. Archives of Clinical Neuropsychology，4，161–173.

Barkley，R.A.（1997）. Behavioral inhibition，sustained attention, and executive functions: Constructing a unifying theory of ADHD. Psychological Bulletin，121，65–94.

Crider，A.（1997）. Perseveration in schizophrenia. Schizophrenia Bulletin, 23,

63-74.

Castellanos, F.X.（2002）. Proceed, with caution: SPECT cerebral blood flow studies of children and adolescents with attention deficit hyperactivity disorder. The Journal of Nuclear Medicine, 43, 1630-1633.

Ciaramelli, E., Leo, F., Maria, M., Viva, D., Burr, D.C., & Ladavas, E.（2007）. The contribution of prefrontal cortex to global perception. Experimental Brain Research, 3, 423.

Denckla, M.B.（1996）. Biological correlates of learning and attention : what is relevant to learning disability and attention-deficit hyperactivity disorder? Journal of Developmental and Behavioral Pediatrics, 17, 114-119.

Fischer, M., Barkley, R.A., Smallish, L., & Fletcher, K.（2005）. Executive functioning in hyperactive children as young adults: Attention, inhibition, response perseveration, and the impact of comorbidity. Development Neuropsychology, 27, 107-133.

Freeman, T., & Gathercole, C.E.（1966）.Perseveration-the clinical symptoms-in chronic schizophrenia and organic dementia. The British Journal of Psychiatry, 112, 27-32.

Houghton, S., Douglas, G., West, J., Whiting, K., Wall, M., Carroll A.（1999）. Differential patterns of executive function in children with attention-deficit hyperactivity disorder according to gender and subtype. Journal of Child Neurology, 14, 801-805.

Kalanthroff, E., Naparstek, S., & Henik, A.（2013）. Spatial processing in adults with attention deficit hyperactivity disorder. Neuropsychology, 27（5）, 546-555.

Lezak, M.D.（1983）. Neuropsychological assessment. New York: Oxford University Press.

Logan, G.D., & Cowan, W.B.（1984）. On the ability to inhibit thought and action: A theory of an act of control. Psychological Review, 91, 295–327.

Martin, M. (1979). Hemispheric specialization for local and global processing. Neuropsychologia, 17 (1), 33–40.

Milner, B. (1963). Effects of different brain lesions on card sorting. Archives of Neurology, 9, 90–100.

Muller–Oehring, E.M., Schulte, T., Raassi, C., Pfefferbaum, A.,& Sullivan, E.V. (2007). Local–global interference is modulated by age, sex, and anterior corpus callosum size. Brain Research,1142, 189–205.

Mevorach, C.,Humphreys,G.W.,&Shalev, L. (2005).Attending to local formwhile ignoring global aspects depends on handedness: Evidence from TMS. Nature Neuroscience, 8, 276–277.

McBurnett, K., Harris, S.M., Swanson, J.M., Pfiffner, L.J., Tamm, L., & Freeland, D. (1993). Neuropsychological and psychophysiological differentiation of inattention/overactivity and aggression/defiance symptom groups. Journal of Clinical Child & Adolescent Psychology, 22, 165–71.

Nigg, E.A. (2001). Mitotic kinases as regulators of cell division and its checkpoints. Nature Reviews Molecular Cell Biology, 2, 21–32.

Navon, D. (1977). Forest before trees: The precedence of global features in visual perception. Cognitive Psychology, 9, 353–383.

Ozonoff, S. (1997). Components of executive function in autism and other disorders. In J. Russell (Ed.), Autism as an executive disorder (pp. 179–211). New York, USA: Oxford University Press.

Ozonoff, S. (1995). Reliability and validity of the Wisconsin Card Sorting Test in studies of autism. Neuropsychology, 9, 491–500.

Poirel, N.,Mellet, E., Houdé, O., & Pineau, A. (2008). First camethe trees, then the forest: Developmental changes during childhood in the processing of visual local–global patterns accordingto the meaningfulness of the stimuli.

Developmental Psychology,44, 245–253.

Pennington, B.F., Groisser, D., & Welsh, M.C. （1993）. Contrasting cognitive deficits in attention deficit hyperactivity disorder versus reading disability. Developmental Psychology, 29, 511–523.

Reeve, W.V., & Schandler, S.L. （2001）. Frontal lobe functioning in adolescents with attention deficit hyperactivity disorder. Adolescence, 36, 749–765.

Schmitz, M., Cadore, L., Paczko, M., Kipper, L., & Knijnik M. （2002）. Neuropsychological performance in DSM–IV ADHD subtypes: An exploratory study with untreated adolescents. Canadian Journal of Psychiatry, 247, 863–869.

Song, Y., & Hakoda, Y. （2012）. The interference of local over global information processing in children with attention deficit hyperactivity disorder of the inattentive type. Brain and Development, 34（4）, 308–317.

Shue, K.L., & Douglas, V.I. （1992）. Attention deficit hyperactivity disorder and the frontal lobe syndrome. Brain Cognition, 20, 104.

Tripp, G., Ryan, J., & Peace, K. （2002）. Neuropsychological functioning in children with DSM–IV combined type attention deficit hyperactivity disorder. Australian and New Zealand Journal of Psychiatry, 36, 771–779.

Tsuchiya, E., Oki, J., Yahara, N., &Fujieda, K. （2005）. Computerized version of the Wisconsin card sorting test in children with high–functioning autistic disorder or attention–deficit/hyperactivity disorder. Brain and Development, 27, 233–1236.

Walsh,K.W. （1978）. Neuropsychology, a clinical approach. New York: Livingstone.

Shedden, J.M., & Reid, G.S. （2001）. A variable mapping task produces symmetrical interference between global information and local information. Perception and Psychophysics, 63, 241–252.

Volberg, G., & Hubner, R. （2007）. Deconfounding the effects of congruency and task difficulty on hemispheric differences in global/local processing. Experimental Psychology, 54, 83–88.

Yovel, I., Revelle, W., & Mineka, S.（2005）. Who sees trees before forest? The obsessive–compulsive style of visual attention. Psychological science, 16（2）, 123–129.

第七章 其他病理人群的行为抑制

第一节 自闭症对表情信息的选择性注意

一、研究目的与假设

面孔由许多局部的器官组成，如眼睛、鼻子、觜巴等。对复合模式
（e.g., the Navon pattern）研究的结果表明整体信息加工的速度比较快
（global precedence），整体信息会对局部信息的加工产生干扰作用（global
interference）（Navon，1977）。面孔可以传达许多信息，如表情信息和人物
（身份）信息，有研究表明我们对以上两种信息的加工机制是不同的（Bruce
& Yeung，1986）。前人采用 Garner 范式对人物加工和表情加工之间的关系
进行了研究。结果表明表情信息对人物信息的加工没有干扰，而人物信息对
表情信息的加工有干扰（Schweinberger & Soukup，1998；Komatsu & Hakoda，
2009）。实际上，最近的确有研究发现对面孔人物的辨认与 Navon 任务中的
整体加工优势之间存在密切相关（$r2 = 0.61$，$p = 0.03$）（Behrmann et al.，
2006）。结合上面复合模式研究中的"整体对局部加工产生干扰而局部不对
整体产生干扰"的结论，我们可以进一步推论，表情信息的加工可能主要依

赖于局部信息，而人物信息主要依赖于整体信息。

自闭谱系障碍主要表现为社会互惠发展的功能性损害（DSM-V；APA，2013）。自闭症的患者也被发现存在中央统合性障碍（weak central coherence，WCC），也就是说他们对细节信息格外注意，而容易忽视背景信息（e.g., Frith，2003；Happé & Frith，2006）。许多前人研究也发现了自闭症患者在 Navon 任务中也表现出了整体加工的障碍以及对局部信息的偏好（e.g., Plaisted，Swettenham，& Rees，1999；Behrmann et al.，2006）。

自闭症在对他人面孔进行加工时存在障碍，这种障碍是否与他们对面孔信息的选择性偏好有关？如果"人物信息主要依赖于整体信息，表情信息主要依赖于局部信息"的假设是正确的话，我们可以进一步推论，自闭症儿童在对面孔进行加工时，他们更容易注意表情信息（局部信息），并且表情信息会对人物信息的加工产生干扰，而不是相反。为了验证该假设，本研究选择了高功能的自闭症儿童（HFA/AS）作为研究对象。本研究假设，在 Garner 任务中，自闭症儿童更容易表现出表情信息加工的偏好，并且表情信息会对人物加工产生影响。

二、研究方法

（一）被试

所有自闭症的实验对象均来自上海某康复机构。在参加本研究之前得到了他们家长的同意。所有的自闭症儿童均接受了美国精神诊断与统计手册中的关于自闭症症状的评估（DSM-V，APA，2013）。所有的自闭症儿童的家长均完成了一份由 31 个项目组成的家长问卷，即阿斯伯格以及高功能自闭症的诊断访谈表（the Asperger Syndrome and high-Functioning autism，ASDI，Gillberg，Råstam，& Wentz，2001）以及一个由 20 个项目组成的家长问卷——儿童阿斯伯格症状测验（the Childhood Asperger Syndrome Test，CAST，

Williams et al.，2005）。自闭症的儿童在 ASDI 上的分数都超过了 15 分，在 CAST 上的得分都超过了 6 分，这是中等程度自闭症的最低标准。自闭症的父母也完成了一份自闭症谱系筛查问卷（ASSQ，Ehlers，Gillberg，&Wing，1999）。另外，考虑到智商可能会影响情绪、人物加工任务的成绩，所有的参与实验的对象都进行了瑞文智力测验（Raven's Progressive Matrices，Raven，Court，& Raven，1992）。研究者排除了智商在 85 以下的对象。

最后，有 15 名高功能自闭症、阿斯伯格症（M= 9.17，SD = 1.84）的儿童组成了自闭症组。对照组的 18 名对象（M= 9.03，SD = 1.27）全部来自上海的小学。这些对象没有神经性或病理性的疾病，也没有广泛性发展障碍以及其他发展障碍的历史。对照组对象的家长也接受了 ASSQ 的调查。这些对象在 ASSQ 上的分数全部在 7 分以下，这是没有自闭症状的标准（e.g.，Loukusa et al.，2007）。普通儿童与自闭症的儿童在年龄以及智力方面进行匹配（Raven，Court，& Raven，1992）。两组对象在瑞文智力测验分数上没有显著性差异，t（31）= − 0.26，p=0.80；t（31）= − 0.80，p=0.43。两组对象的平均智商均在正常泛围内（ASD:M=113.5，SD=12.93；non−ASD:M=111.2，SD=11.00）。

（二）材料

所有的图片均选自表情图片库（Ogawa & Oda，1998）。Garner 任务包括 2 个男性模特的 3 种表情（中性、开心或生气）的 6 张彩色照片。这两个人没有明显的面部特征。所有关于面孔的背景、发型等特征均未排除。每张图片高 9.67 cm，宽 7.94 cm。

（三）程序与设计

该实验采用 Garner 任务，评估儿童对面孔表情以及人物信息的加工能力。Garner 任务有 2 个环节，即参加者需要根据人物信息对面孔图片进行判断，以及根据表情信息对面孔图片进行判断。每个环节都可以分为 2 种条件，即恒定条件和变化条件，因此参加者需要完成 4 种实验处理：恒定的人物判断、变化的人物判断、恒定的表情判断、变化的表情判断。在恒定的人物判断处理中，刺激是 A、B 两个人没有表情的面孔图片。在变化的人物判断处理中，刺激是 A、B 两个人会表现开心或悲伤的情绪。在恒定的情绪判断的处理中，有一半的参加者会判断人物 A 表达开心或悲伤的情绪，剩下一半的参加者会判断人物 B 表达开心或悲伤的情绪。在变化的情绪判断处理中，参加者会随机地观察人物 A 以及人物 B 表达悲伤或开心的情绪。一个试次开始的时候，首先会有 1 秒的注视点，随后会出现一张面孔图片，面孔图片会一直保持在屏幕上，直到实验参加者作出一个判断反应。在 1 秒钟之后，进入下一个试次。每个处理都有 5 个试次的练习时间，有 40 分钟的正式测验时间。

三、结果

表 7-1 两组在表情 / 人物判断任务中的平均正确百分率（%）、反应时（ms）以及干扰率（%）

	表情判断		人物判断	
	基线条件	变化条件	基线条件	变化条件
ASD				
Percentage	91.338	7.179	1.678	4.50
（*SD*）	（6.94）	（6.09）	（8.70）	（16.70）
Latencies	869.4592	5.1687	1.6010	67.51
（*SD*）	（207.40）	（205.99）	（287.35）	（282.38）
Interference ratio	7.812		3.45	
（*SD*）	（14.96）		（23.18）	
Control				
Percentage	93.258	7.089	0.978	8.31
（*SD*）	（5.73）	（6.54）	（8.67）	（9.53）
Latencies	793.9886	0.8184	2.0389	8.92
（*SD*）	（124.12）	（119.83）	（129.52）	（147.14）
Interference ratio	9.33		7.50	
（*SD*）	（13.02）		（14.04）	

（一）表情判断以及人物判断任务的正确百分率

表 7-1 中呈现了平均正确百分率、反应时、干扰率等信息。研究者以组别为被试间变量，以任务类型为被试内变量进行了两因素方差分析。结果表明，

组别的主效应不显著，$F_{(1, 31)}=0.15$，$p=0.71$；任务类型的主效应显著，$F_{(1, 31)}=20.52$，$p<0.01$；两者的交互作用不显著，$F_{(1, 31)}=0.77$，$p=0.39$。

（二）表情判断以及人物判断任务的反应时

对表情判断任务的反应时以组别（ASD 和 non-ASD）为被试间变量，以条件类型（constant 或 varied）为被试内变量进行了两因素方差分析。结果表明，组别的主效应不显著，$F_{(1, 31)}=1.64$，$p=0.21$；条件类型的主效应显著，$F_{(1, 31)}=10.26$，$p<0.01$；组别与条件类型之间的交互作用不显著，$F_{(1, 31)}=0.08$，$p=0.77$。

另外，对人物判断的反应时以组别（ASD 和 non-ASD）为被试间变量，以条件类型（constant 或 varied）为被试内变量进行了两因素方差分析。结果表明，组别的主效应不显著，$F_{(1, 31)}=2.62$，$p=0.12$；条件类型的主效应显著，$F_{(1, 31)}=18.19$，$p<0.01$；两者的交互作用显著，$F_{(1, 31)}=5.53$，$p<0.05$。进一步对简单效应的分析结果表明，人物判断中两种条件之间的差异只有对自闭症组来讲是显著的，$F_{(1, 31)}=20.02$，$p<0.01$；对于普通组来讲不显著，$F_{(1, 31)}=1.84$，$p=0.18$。恒定条件与变化条件之间的反应时差异，对于普通组对象来讲是 29.6ms，对于自闭症组来讲是 168.7ms。另外，两组之间的差异只有在变化条件上是显著的，在恒定条件上不显著，$F_{(1, 31)}=4.73$，$p=0.04$；$F_{(1, 31)}=0.27$，$p=0.61$。对变化条件上两组差异效应的大小进行了进一步检验，结果发现了中等程度的效应（partial eta squared = 0.26）。以上分析说明，对于自闭症患者来讲，面孔是谁对他们对面孔上的表情进行判断没有影响，而面孔表达什么样的表情对他们对面孔是谁这个问题进行判断会产生影响。

（三）表情、人物干扰率

为了分析表情信息与人物信息的相互影响关系，采用下面的公式计算了两个干扰率：表情干扰率 =（S2 — S1）/S1，人物干扰率 =（S4 — S3）/S3。

在该公式中，S1 和 S2 分别代表在人物判断环节中的两种条件下的反应时，S3 和 S4 分别代表在表情判断环节中的两种条件下的反应时。

　　对干扰率以组别为被试间变量，以干扰类型为被试内变量进行了两因素方差分析。结果表明，干扰类型的主效应不显著，$F_{(1, 31)}=2.52$，$p=0.12$；组别的主效应有显著倾向，$F_{(1, 31)}=3.62$，$p=0.07$；组别与干扰类型之间的交互作用显著，$F_{(1, 31)} = 5.53$，$p < 0.05$。进一步的简单效应的分析表明，这种干扰之间的差异只有对自闭症来讲是显著的，$F_{(1, 31)} = 6.33$，$p < 0.01$；对于非自闭症来讲不显著，$F_{(1, 31)} = 0.10$，$p = 0.75$。

　　另外，分析也发现自闭症与非自闭症之间的差异只有在表情干扰上是显著的，在人物干扰上并不显著，$F_{(1, 31)}=5.93$，$p=0.02$；$F_{(1, 31)}=0.10$，$p=0.76$。进一步分析显著性效应的大小，结果发现这种显著效应具有中等的程度（partial eta squared = 0.32）。总之，上面的分析发现了自闭症儿童的表情干扰。由图 7-1 可知：两组在人物干扰上没有显著性差异，而与普通组相比，自闭症组在进行人物判断时明显受到情绪信息的干扰。

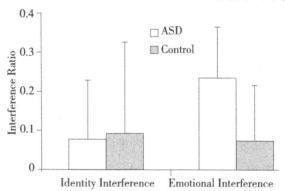

图 7-1　表情干扰以及人物干扰的平均干扰率

（Error bars: SDs）

（四）智商与表情、人物干扰率之间的相关

　　为了分析自闭症儿童的智商水平是否影响他们表现出的表情干扰，采用

皮尔逊相关（Pearson Correlation）对智商、人物干扰率、表情干扰率进行了分析。结果表明，自闭症儿童智商分数与他们的人物干扰率之间呈现不显著正相关，$r=0.14$，$p=0.62$；与他们的情绪干扰率之间呈现不显著负相关，$r=-0.45$，$p=0.10$。由于被试人数较多，该负相关是不显著的，但是已经有显著性倾向，如果增加人数，则可能会出现显著。

四、讨论

自闭症儿童表情干扰以及人物干扰之间的不对称性验证了研究之初提出的假设，即对于自闭症儿童来讲，他们会表现出更多的表情干扰而不是人物干扰。考虑到前人研究中发现的自闭症儿童表现出了对局部信息的加工偏好，这说明对情绪的加工更依赖于局部加工，而我们对人物的加工更依赖于整体加工。另外，在本研究中发现的自闭症儿童的表情干扰效应对我们进一步理解自闭症障碍具有重要的启示意义。

第一，本研究揭示自闭症对表情信息的加工更快，这一点对理解自闭症儿童情绪加工缺陷的原因具有重要的意义。许多研究都发现自闭症对面孔加工存在显著缺陷（e.g., Boraston, Blakemore, Chilvers, & Skuse, 2007; Corden, Chilvers, & Skuse, 2008; Wallace, Coleman, & Bailey, 2008）。虽然到现在为止，我们不能否认自闭症儿童对情绪认知存在障碍，但是该证据表明这种障碍并不是由我们对表情信息的选择性失败造成的。

第二，自闭症儿童表现出的表情干扰也提示自闭症儿童在面孔加工的发展方面可能是滞后的。前人有研究表明，随着年龄增长，儿童在人物加工时会越来越能够抑制来自表情信息的干扰（e.g., Mondloch, Grand, & Maurer, 2002; Baudouin, Durand, & Gallay, 2008）。而自闭症儿童表现出的更强的表情干扰可能说明与面孔加工选择性注意相关的脑区（如前额皮层）在发展方面可能存在缺陷。然而，前额皮层的缺陷在其他的障碍中也被认为扮演了一定角色，如注意缺陷多动（Arnsten, 2001; Castellanos & Tannock,

2002）。这里又产生了一个新的问题，即对面孔加工时选择性注意的偏好也并不局限于自闭症这一类障碍。

第三，虽然本研究对智商与人物干扰、表情干扰的相关分析表明，两个相关系数均不显著。但是考虑到研究样本比较小的事实，本研究发现的智商与表情干扰之间的正相关具有积极意义。这说明智商比较低可能会导致自闭症儿童对人物进行判断时更加难以抑制来自于情绪信息的干扰。

总之，本研究比较了自闭症儿童和普通儿童在面孔识别的两个任务（人物判断以及表情判断）上的表现。本研究揭示了自闭症儿童在人物判断任务中，会更多地受到表情信息的干扰。该研究为"人物判断主要依赖于整体信息，而表情判断主要依赖于局部信息"这一假设提供了重要证据。

第二节　精神分裂症与 Stroop/ 逆 Stroop 干扰

近年来，基于选择性注意障碍的精神分裂症的病理假设引起了人们的关注。该假设最初是由 McGhie 和 Chapman（1961）提出来的，后来，又有一些学者进行了探讨（Asarnow & MacCrimmon，1978；Kophstein & Neale，1972）。有报告表明精神分裂症的逆 Stroop 效应要明显高于普通人（Abramczyk，Jordan，& Hegel，1983；Abrabaczyk et al.，1983）。

Sasaki，Hakoda 和 Yamagami（1993）进行了一项关于精神分裂症的干扰抑制特征的研究。实验对象由病理组和对照组组成。病理组是被医生诊断为精神分裂症的患者，他们的年龄范围为 16~74 岁，共有 32 名男性和 39 名女性。对照组是 18~62 岁的普通人。该研究选用的测验是团体 Stroop/ 逆 Stroop 测验。这个测验中共有四个分测验，测验一是逆 Stroop 控制条件测验，测验二是逆 Stroop 条件测验，测验三是 Stroop 控制条件测验，测验四是 Stroop 条件测验。前两个测验需要根据色词的词义进行选择。后两个条件需要根据颜色进行选择。每份测验练习 10 秒种，正式测验 40 秒钟。另外，他们对接受团体 Stroop/ 逆 Stroop 测验的 38 名患者进行了精神障碍症状的评定。评定的项目主要包括以下 7 个：（1）冲动的抑制；（2）自律机能，即自律神经系统机能的损害程度；（3）与现实性的关系，即妄想的程度等；（4）对人关系，即对人关系维持的安定程度；（5）言语思维以及言语交流的有效性；（6）活动性，即身体的活动性的程度；（7）精神的整合程度，即自我同一性、定定性以及自我与他人的区别程度。对以上 7 项内容采用 4 级评定，数字越大代表症状越严重。

研究者分别计算了每份 Stroop/ 逆 Stroop 测验的回答正确数。基于各个测验的正确完成数，计算出两个干扰率。Stroop 干扰率（SI）＝（C3 － C4）/C3，逆 Stroop 干扰率（RI）＝（C1 － C2）/C1。这个公式中的 C1、C2，C3 和 C4 分别代表四个测验中的完成数。

由于 Stroop 与逆 Stroop 测验的成绩随着年龄的变化也会发生一些变化，因此，我们需要对不同年龄段的两组人群分别进行比较，结果表明：就干扰来讲，20 岁的两组在逆 Stroop 效应上有显著性差异，而 30 岁、40 岁、50 岁的两组在 Stroop 效应上存在显著性差异。对 Stroop/ 逆 Stroop 测验的成绩（10 个项目）与精神症状量表评定结果（7 个项目）之间的相关性进一步进行了因子分析（Varimax 法），结果抽出了 5 个因子，其中冲动的抑制、逆 Stroop 测验的分数、条件 3 的错误数同属于一个因子。由此可知，逆 Stroop 干扰与冲动的抑制之间的关系比较密切。

另外，他们将各个年龄段的精神分裂症与普通组一一进行对比，结果发现，20 岁年龄段的两组在逆 Stroop 干扰上存在显著性差异，精神分裂症的干扰分数较高；30 岁、40 岁、50 岁年龄段的两组在 Stroop 干扰上存在显著性差异，精神分裂症的干扰分数较高。这说明，不管对于哪个年龄段，精神分裂症与普通组要么在 Stroop 干扰上，要么在逆 Stroop 干扰上存在明显差异。另外，Abrabaczyk 等（1983）研究发现精神分裂症在抑制逆 Stroop 干扰上存在明显缺陷。以上研究说明精神分裂症对干扰的抑制能力是比较差的。

第三节　老年痴呆症的行为抑制

老年痴呆症又被称为阿尔茨海默病（Alzheimer disease，AD），是一种中枢神经系统变性病，病程呈慢性进行性，是老年期痴呆最常见的一种类型。主要表现为渐进性记忆障碍、认知功能障碍、人格改变及语言障碍等神经精神症状，严重影响社交、职业与生活功能。AD 的病因及发病机制尚未明确。在 70~74 岁的老年人中流行率为 3%，在 85~89 岁的老年人中流行率为 24%。70 岁以上的老年人患上老年痴呆症的人数占老年痴呆症总数的 60%~70%（Fratiglioni & Rocca，2001）。

关于老年痴呆症，在综合了许多实证数据的基础上，Balota 和 Faust（2001）认为老年痴呆症主要的障碍表现在三个方面，第一，数据驱动加工（自下而上的加工）过程失于流畅；第二，对不合适的任务反应路径的抑制失败；第三，对任务目标以及策略表征的保持的障碍。之后，他们又提出了一个老年痴呆症的解释框架，该框架被称为注意控制框架（Attentional Control Framework，ACF）。这个模型的核心内容是，对低层次感知觉以及记忆过程进行的控制。这种控制主要是通过注意控制实现的。这种注意控制与行为抑制有相近的含义。这种控制最终的目的是负责调控各种相互冲突的过程，以保证选择最适切的解决问题的路径。而有效的注意控制则依赖于对合适的任务路径与不合适的任务路径之间的相对力量的管理能力，以及对任务要求的表征能力。

另外，许多来自神经心理学的测验以及关于认知的神经老化过程研究表明，老年痴呆症尽管表现出了许多认知障碍，但是他们有一个最核心的障碍，就是注意控制的失败（Salthouse & Becker，1998；Wenk，2003；Perry & Hodges，1999）。这种注意控制主要是对低级的认知过程的控制，以排除干扰，选择合理的路径进行反应。该过程被认为与前额皮层以及扣带回的活动密切相关（Cohen et al.，2004；Posner & DiGirolamo，1998）。在下面的框架图（见图 7-2）中，注意控制是核心，它必须控制有效任务路径以及无效任务路径之间的冲突。

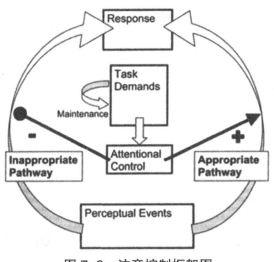

图 7-2   注意控制框架图

From The Handbook of Neuropsychology: Aging and Dementia（2nd., p71）, by F.Boller and S. Cappa（Eds.）.2001.New York:Elsevier Science. Copyright 2001 by Elsevier.Adapted with permission from Elsevier.

我们也可以根据注意控制框架（Balota & Faust，2001）来分析一下 Stroop 任务。在 Stroop 任务中，注意控制仍然是核心的内容，它负责来检测高水平的认知过程——任务目标与低水平的执行过程——操作路径之间的冲突以及管理两种不同的任务路径（根据墨水颜色进行反应以及根据词义进行反应）的相对力量。

Spieler 等（1996）采用电脑版的 Stroop 测验比较了年轻人、健康的老年人以及老年痴呆症三类群体在 Stroop 任务上的表现差异。Stroop 干扰的大小用冲突试次减去中性试次得到。通过不同条件的反应时间（latency）的比较，可以求出一个干扰率，通过不同条件的错误数（Intrusion）的比较也可以求出一个干扰率。通过下图可知，年轻的成人比健康的老年人的干扰率（反应时）更小。这说明健康的老年人能够抑制干扰，但是需要花费更多的时间。与此相对的是，老年痴呆症的病人与健康病人的差异并不在反应时上，而是在错误数上。这说明老年痴呆症的病人更不能有效控制干扰，更容易采取不恰当的反应方式。在图 7-3 中，DAT 表示 dementia of the Alzheimer's type。干扰率是通过干扰条件与非干扰条件的作答成绩的比例换算而成的。

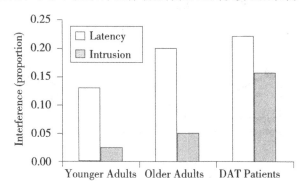

图 7-3　三组人群的 Stroop 干扰效应

（Spieler et al.，1996）

参考文献

American Psychiatric Association.（2013）. Diagnostic and statistical manual of mental disorders（5th ed.）. Washington, DC: Author.

Asarnow，R.F.，& MacCrimon，D.J.（1978）. Residual performance deficit in clinically remited schizo phrenics: A marker of schizophrenia? Journal of Abnormal Psychology，87，597–608.

Abramczyk, R.R., Jordan, D.E., & Hegel, M.（1983）. "Reverse" Stroop effect in the performance of schizophrenics . Perceptual and motor skills, 56（1），99–106.

Arnsten，A.F.T.（2001）. Dopaminergic and noradrenergic influences on cognitive functions mediated by prefrontal cortex. In: Solanto MV，Arnsten AFT，Castellanos FX，editors. Stimulant Drugs and ADHD: Basic and Clinical

Neuroscience（pp.185–208）.New York: Oxford University Press.

Baudouin, J.Y., Durand, K., & Gallay, M.（2008）. Selective attention to facial identity and emotion in children. Visual Cognition, 16（7）, 933–952.

Behrmann, M., Avidan, G., Leonard, G.L., Kimchi, R., Luna, B. & Minshew, N.（2006）. Configural processing in autism and its relationship to face processing. Neuropsychologia, 44, 110–129.

Boraston, Z., Blakemore, S.J., Chilvers, R., & Skuse, D.（2007）. Impaired sadness recognition is linked to social interaction deficit in autism. Neuropsychologia, 45, 1501–1510.

Balota, D.A., & Faust, M.E.（2001）. Attention in dementia of the Alzheimer's type. In F. Boller & S. Cappa（Eds.）, The handbook of neuropsychology: Aging and dementia（pp.51–88）.New York:Elsevier Science.

Castellanos, F.X., & Tannock, R.（2002）. Neuroscience of attention–deficit/ hyperactivity disorder: The search for endophenotypes. Nature Reviews Neuroscience, 3, 617–628.

Corden, B., Chilvers, R., & Skuse, D.（2008）. Avoidance of emotionally arousing stimuli predicts social–perceptual impairment in Asperger's syndrome. Neuropsychologia, 46, 137–147.

Cohen, J.D., Aston–Jones, G., & Gilzenrat, M.S.（2004）.A systems–level perspective on attention and cognitive control:Guided activiation, adaptive gating, conflict monitoring. In M.I.Posner（Ed.）, Cognitive neuroscience of attention（pp.71–90）.New York:Guilford Press.

Ehlers, S., Gillberg, C., & Wing, L.（1999）. A screening questionnaire for Asperger syndrome and other high–functioning autism spectrum disorders in school age children. Journal of autism and developmental disorders, 29（2）, 129–141.

Frith, U.（2003）. Autism: Explaining the enigma（2nd ed.）. Oxford: Blackwell.

Fratiglioni, L., &Rocca, W.A.（2001）. Epidemiology of dementia. In F. Boller &

S. Cappa（Eds.），The Handbook of neuropsychology: Aging and dementia（pp. 193–215）.New York: Elsevier Science.

Gillberg, C., Gillberg, C., R stam, M., &Wentz, E. （2001）.The Asperger Syndrome （and high–functioning autism） Diagnostic Interview （ASDI）: a preliminary study of a new structured clinical interview.Autism, 5, 57–66.

Happé, F., & Frith, U. （2006）. The weak coherence account: Detail–focused cognitive style in autism spectrum disorders. Journal of Autism and Developmental Disorders, 36（1）, 5–25.

Kophstein, J., & Neal, J. 1972 A multivariate study of attention dysfunction in schizophrenia. Journal of Abnormal Psychology, 80, 294–298.

Komatsu, S., & Hakoda, Y.（2009）. Asymmetric interference between facial expression recognition and identity recognition. The Japanese Journal of Cognitive Psychology, 6, 143–153.

Loukusa, S., Leinonen, E., Kuusikko, S., Jussila, K., Mattila, M. L., Moilanen, I. （2007）. Use of context in pragmatic language comprehension by children with Asperger syndrome or high–functioning autism. Journal of Autism and Developmental Disorders, 37, 1049–1059.

McGhie, A., & Chapman, J. 1961 Disorders of atten tion and perception in early schizophrenia. British Journal of Medical Psychology, 34, 103–116.

Mondloch, C.J., Grand, R.L., & Maurer, D.（2002）. Configural face processing develops more slowly than featural face processing. Perception, 31, 553 –566.

Navon, D. （1977）. Forest before trees: The precedence of global features in visual perception. Cognitive Psychology, 9, 353–383.

Ogawa, T., & Oda, M. （1998）. Construction and evaluation of the facial expression database. ATR Technical Report, 244.

Plaisted, K., Swettenham, J., & Rees. （1999）. Children with autism show local precedence in a divided attention task and global precedence. Journal of Child

Psychology and Psychiatry and Allied Disciplines, 40, 733–742.

Perry, R.J., & Hodges, J.R. (1999).Attention and executive deficits in Alzheimer's disease: A critical review. Brain, 122, 383–404.

Posner, M.I., & DiGirolamo, G.J. (1998). Executive attention: Conflict, target, detection, and cognitive control. In R. Parasuraman (Ed.), The attention brain (pp, 401–423).

Raven, J.C., Court, J.H., & Raven, J. (1992). Standard Progressive Matrices. Oxford, Uk: Oxford Psychologists Press.

Schweinberger, S.R., & Soukup, G.R. (1998). Asymmetric relationships among perceptions of facial identity, emotion, and facial speech. Journal of Experimental Psychology: Human Perception and Performance, 24, 1748–1765.

Salthouse, T.A., & Becker, J.T. (1998). Independent effects of Alzheimer's disease on neuropsychological functioning. Neuropsychology, 12, 242–252.

Spieler, D.H., Balota, D.A., & Faust, M.E. (1996). Stroop performance in healthy younger and older adults and in individuals with dementia of the Alzheimer's type. Journal of Experimental Psychology: Human Perception and Performance, 22, 461–479.

Song, Y., & Hakoda, Y. (2012). The interference of local over global information processing in children with attention deficit hyperactivity disorder of the inattentive type. Brain and Development, 34 (4), 308–317.

Sasaki, M., Hakoda, Y., & Amagami, R. (1993).Schizophrenia and reverse–Stroop interference in the group version of the Stroop and reverse–Stroop test.The Japanese journal of psychology, 64, 43–50.

Wallace, S., Coleman, M., & Bailey, A. (2008). An investigation of basic facial expression recognition in autism spectrum disorders. Cognition and Emotion, 22, 1353–1380.

Wenk, G.L (2003). Neuropathological changes in Alzheimer's disease. Journal of

Clinical Psychidatry, 64, 7–10.

Williams, J., Scott, F., Stott, C., Allison, C., Bolton, P., Brayne, C. （2005）.The Childhood Asperger Syndrome Test （CAST）:Test–retest reliability in a high scoring sample. Autism, 11, 173–185.

第三部分 | 行为抑制的毕生发展、训练与展望

这一部分将重点讨论行为抑制能力的年龄特征、稳定性与可变性，并且将以 Stroop 任务、Navon 任务以及 Garner 任务为例，分别讨论个体行为抑制能力的毕生发展特点，最后将讨论行为抑制能力训练的可能性以及未来研究展望。

第八章　行为抑制的毕生发展

随着年龄的增长，个体的行为抑制能力有下降的趋势。有研究表明，不同年龄个体对于强烈的但是是错误反应的抑制能力有很大差异。May 和 Hasher（1998）要求个体对成组的词语是否属于同一类属尽可能快地进行正误判断（如家具—椅子是正确的类属，而家具—锤子是错误的类属）。但在有的试次中会出现一些声音的提示（声音提示会晚于类属词语的提示），在这种情况下，个体需要抑制住自己反应的冲动，即不需要作出任何回答。研究结果表明，虽然老年人反应得比较慢，但是他们的正确率与年轻人是一样的。但是在需要停止反应的试次中，老年人明显难于抑制自己反应的冲动，即他们在 Stop-signal 任务上会表现出明显的障碍。另外该研究也发现老年人在 Stop-signal 任务上的失败与他们在 Stroop 测验上的失败呈正相关。也就是说，行为抑制能力不仅存在个体差异，而且对于同一个个体来讲，在不同的年龄段，他们的行为抑制能力也可能会发生变化。

关于抑制机制的老化研究，可追溯到 Hasher 和 Zacks（1997）的研究。他们通过一系列的负启动实验发现，老年人的负启动效应量明显低于年轻人，尤其是特性负启动效应。众所周知，随着年龄的增长，个体的认知能力（如记忆、语言以及注意力）都会下降。这些能力之所以会下降，其中一个解释就是随着年龄的增长，个体的抑制过程渐渐失效（e.g., Hasher, Zacks, & May, 1999; Zarcks & Hasher, 1997）。抑制被定义为管理注意以及工作记忆的过程，因此，抑制功能的下降对认知能力的影响也是十分广泛的。这包括注意力、理解能力、产生语言的能力、问题解决的能力以及接受新信息的能力（West, 1996; Zacks & Hasher, 1994）。因此，在认知操作中，那些没有参与抑制过程，或者是不受抑制操控的自动化的操作就不太会受到年老的影响（e.g., Zacks & Hasher, 1997），这就是抑制缺陷模型（inhibition deficit model, ID）。该模型已经被广泛地应用于成人的从低级的感知觉到高级的认知能力的差异研究（Sommers & Danielson, 1999; Arbuckle & Glod, 1993）。

第一节　行为抑制的年龄差异

个体在认知上存在着年龄差异。皮亚杰发现，一个 8~12 个月的婴儿，其在一个地点（A）反复发现一个被隐藏着的物体后，实验者当着婴儿的面把物体隐藏在另一地点（B），然而很多婴儿仍倾向于在 A 地点寻找物体。皮亚杰将该现象称为"A 非 B 错误"（A-not-B errors）。随着年龄的增长，儿童就不会表现出这种错误。儿童在诸如此类认知任务上表现出来的年龄差异的原因是什么呢？皮亚杰认为，"A 非 B 错误"说明了婴儿理解物体与空间关系的方式与成人是不同的。在皮亚杰看来，对婴儿来说物体的存在和位置与他们的动作是密切相联的，某个物体之所以存在，是由于他们做出的动作曾经找到过它，因此他们会反复在前面找到过物体的地点去寻找物体（Piaget, 1954）。

后来，有人对"A 非 B 错误"进行了另外的解释。如 Harris（1973, 1975）认为，对于出生不到 12 个月的婴儿来说，他们对来自前面的位置的干扰的抑制力是很弱的，正是这种干扰导致婴儿犯了"A 非 B 错误"。而且最近的关于该实验的眼动研究也显示，婴儿似乎知道现在物体所在的位置，但是他们不能抑制前面曾经正确的，但是对现在来说已经不适宜的动作（Diamond，1991）。

Dempster（1991）认为，对干扰的抑制能力是个体认知系统的基础。他认为可以根据领域的不同对干扰进行分类。他认为至少包括三种不同的干扰，即动机领域的干扰、感知觉领域的干扰以及言语领域的干扰。而个体动机、感知觉以及言语三个领域受干扰影响程度的发展模式是不一样的。个体在生命早期就表现出对动机领域干扰的敏感。个体早期对动机领域的干扰的敏感性可以解释婴儿为什么容易犯"A非B错误"。按照这种理论，婴儿知道物体当前被隐藏在了B地点，但是他们无法抑制他们一直在A地点寻找物体的这个习惯性动作。个体对感知觉领域干扰的敏感性在出生后比较早的一段时期内有所上升，但在整个学龄阶段呈现递减的趋势。因此，对感知领域干扰的高峰出现在皮亚杰所说的儿童认知发展的前运算阶段（2至6、7岁），在这个阶段儿童难以抵制无关的视觉或声音刺激的干扰。与此相比，个体对言语或语言干扰的敏感性在整个儿童期发展都比较平缓。当个体的语言在其问题解决过程中占主导作用时（Vygotsky，1962），这种干扰达到顶峰，这时儿童也会出现Stroop干扰的现象。

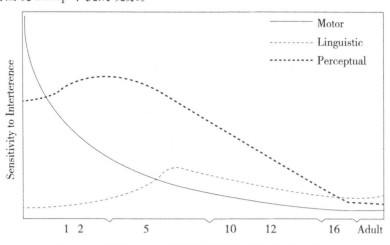

图8-1　不同年龄对不同干扰敏感性发展的假设

（Dempster，1993）

另外，衰退抑制理论（inefficiency inhibition theory）是一种用来说明

为什么工作记忆会存在个体差异的理论（Bjorklund & Harnishfeger 1990；Hasher & Zacks 1988），后来该理论也常用来解释认知能力的个体差异。该理论的核心观点认为，个体不能有效地将与任务无关的信息排除于工作记忆之外，这影响了个体在任务上的表现。例如，在文本加工的任务中，Hasher 和 Zacks（1988）发现与年轻人的表现相比，曾经接触过的但与现在的阅读任务无关的信息常常在老年人的工作记忆中保持较长时间。Hasher 和 Zacks（1988）把这种差异归因为不同年龄个体的抑制效率存在差异，老年人更难以把与任务无关的信息排除在工作记忆之外。正因为如此，所以老年人在面临一些冲突反应的时候，他们会受到更多的干扰，反应更慢，而且容易产生遗忘。

与该理论相一致，Hasher 等人（1988）采用负启动任务发现当前面受到抑制的项目成为后面应该反应的目标刺激时，年轻人表现出了更多的延迟，即产生了负启动，这是年轻人抑制功能发挥作用的表现。而老年人在这种任务中，并没有表现出更多延迟，即没有产生负启动。这说明，老年人的抑制功能大大降低了。

有些幼儿的注意力容易分散，这也反映了他们的抑制能力较差。研究发现年龄比较小的幼儿在面临一些视觉刺激的时候，这些幼儿倾向于把这些刺激的强度放大，而年龄稍大的儿童或成人则倾向于把刺激的强度减弱（Blenner & Yingling，1993；Dustman，Emmerson，& Shearer，1996）。减弱刺激强度反映了个体的抑制功能的作用。那些幼儿由于抑制能力较差，不能有效抵制那些无关刺激，而年龄稍大的儿童或成年人由于具有良好的抵制能力，可以自动降低刺激强度以减小这些刺激对注意力的干扰。

幼儿的行为经常表现出刻板的特点，如他们往往容易重复那些习惯化了的或者受到奖赏的行为，即使这些行为已经变得不适当了。该现象的产生与个体的抑制能力较差也有密切联系。如有研究显示，给学前儿童呈现一些图片，他们倾向于多次观察同一个图片，而不是抑制住这种冲动去选择观察一个新的图片，而年龄较大的学生则喜欢在新的图片和老的图片中不断转换（Reed，Pien，& Rothbart，1984）。因此，幼儿许多不良的表现都是他们不能抑制自己的不良行为以及不能有效抵制干扰造成的。

幼儿还有一个特点，就是不能有效停止一个已经发起了的动作或反应。有研究发现，幼儿在停止反应任务中比成人的表现更差（Schacher & Logan，1990）。而且年龄越小，在该任务中的表现就越差。Luria（1961）也发现，对 2 岁左右的幼儿而言，当成人给出一个语言的指令（如"不要去碰那个球！""不要跑！"）与他们已经发起的动作相互冲突时，这种言语的指令不但不能有效抑制幼儿的动作，反而还会对幼儿的动作起到一种强化的作用。而年龄较大的幼儿则能很好地根据成人的指令抑制他们的不良反应。但是，幼儿自发的言语上的自我监控和调节只有在发展的晚期才会出现。Luria（1961）曾经做了这样一个实验。在实验中，当红色的灯光亮起来的时候，他要求幼儿说"不要按球"；当绿色的灯光亮起来的时候，他要求幼儿说"按一下球"。结果发现，幼儿往往一边说"不要按球"一边去按球。他的研究发现，幼儿自发的言语上的自我调控或良好的抑制行为在 5 岁之前还没有发育完善。另外，幼儿在 Simon says 这样的任务中也存在困难。该任务需要儿童在别人给出言语或动作的指令（如"触摸你的鼻子"）之前必须抑制住自己的冲动行为（Reed et al.，1984）。

第二节　行为抑制的稳定性与可变性

对于行为抑制的能力是否具有稳定性这个问题，笔者以干扰控制为例采用团体 Stroop 以及逆 Stroop 测验（Hakoda & Sasaki，1990）进行了一项团体测试。首先根据日文版的测验，制作中文版新 Stroop/ 逆 Stroop 纸笔测验以及中文版新 Stroop/ 逆 Stroop 电脑测验。该测验采用了五种颜色以及与颜色对应的色词作为刺激，它们分别是黄、绿、红、蓝、黑。所有的色词及颜色均采用 Photoshop.7.0 软件进行制作。色词采用宋体 22 号字进行呈现，所有颜色均采用 RGB 系统进行标示，五种颜色的 RGB 指标分别为：黑（R0、G0、B0）、蓝（R0、G0、B255）、红（R237、G28、B36）、绿（R17、G238、B62）、黄（R255、G242、B0）。制作完成的纸笔测验以及电脑测验都包括以下四个分测验：分测验 1，逆 Stroop 控制测验（选择与最左边用黑色墨水书写的色词词义相对应的颜色）；分测试 2，逆 Stroop 测试（选择与最左边用彩色笔书写的色词词义相对应的颜色）；分测验 3，Stroop 控制测验（选择与最左边颜色卡片的颜色相对应的色词）；分测验 4，Stroop 测验（选择与最左边用彩色笔书写的色词墨水颜色相对应的色词）。

从中国的小学选择 32 名被试，年龄范围是 8~12 岁（M = 9.84，SD=0.85）。本研究采用 Stroop/ 逆 Stroop 电脑测验，反复施测三次。第一次施测后 1 分钟，进行第二次测试，第二次施测后的一个周，进行第三次测试。每次测试均采用拉丁方格法分别设计四种不同的施测顺序：顺序 1（分测验 1 →分测验 2 →分测验 3 →分测验 4），顺序 2（分测验 2 →分测验 3 →分测验 4 →分测验 1），顺序 3（分测验 3 →分测验 4 →分测验 1 →分测验 2），顺序 4（分测验 4 →分测验 1 →分测验 2 →分测验 3）。32 名被试被分为四组，在三次测试中，每组始终接受上面四种顺序中的一种顺序。每个分测验在实施时，都先进行 10 秒钟的练习，然后进行 40 秒钟的测验。

测试后，首先对四个分测验经过三次测试的信度进行分析。结果表明，四个分测验三次测试间的克伦巴赫（ronbach）α 信度系数分别为 0.95，0.82，0.89，0.86。一般认为 α 系数在 0.7 以上就表明信度较高（Nunnally，1978）。以上信度检验表明 Stroop/ 逆 Stroop 电脑测验的重测信度是比较高的。对四个分测验中三次测验的得分进行相关分析（Pearson Correlation），结果表明，四个分测验中三次测验之间的相关系数都在 0.5 以上，并且都有显著性意义（见表 8–1）。这说明，三次测试受反复施测的影响较小，多次测试仍能稳定地反应被试的 Stroop/ 逆 Stroop 干扰。

表 8-1　电脑版测试四个分测验中三次测试的相关系数

	分测验	分测验 2	分测验 3	分测验 4
第 1 次测试和第 2 次测试	0.84**	0.76**	0.86**	0.79**
第 1 次测试和第 3 次测试	0.87**	0.50**	0.69**	0.64**
第 2 次测试和第 3 次测试	0.88**	0.60**	0.62**	0.59**

基于得分对测验间隔和分测验类型进行两因素方差分析，结果表明：测验间隔的主效应不显著，$F_{(2, 62)}=1.98$，$p=0.15$；分测验类型的主效应显著，$F_{(3, 93)}=161.67$，$p<0.001$；测验间隔和分测验的类型之间交互作用不显著，$F_{(6, 186)}=1.99$，$p=0.07$。另外，对 4 个分测验的得分进行多重比较，结果表明 4 个分测验之间的差异显著（$p<.0001$）。这个结果表明：测验的时间隔对测验的结果没有显著影响。

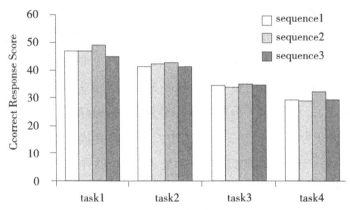

图 8-2　电脑版测试四个分测验中三次测试的正确反应数

Hakoda 和 Sasaki（1990）在第一次测试 1 分钟后以及 4 个周之后，采用新 Stroop/ 逆 Stroop 纸笔测验对被试反复进行了三次测试。结果表明，三次测试的正确反应数以及干扰率之间有显著性差异。在四个分测验中，三次测试的正确反应数和干扰率都有增加的趋势。然而本研究采用新 Stroop/ 逆 Stroop 电脑测验，并没有发现实测的次数对测验结果的显著性影响。通过与纸笔测验的研究结果比较，研究发现新 Stroop/ 逆 Stroop 电脑测验受练习的影响较小。

参考文献

Arbuckle, T.Y., & Gold, D.P.（1993）. Aging, inhibition, and verbosity. Journal of Gerontology: Psychological Sciences, 48, 225–232.

Bjorklund, D.F. & K.K. Harnishfeger.（1990）. The resources construct in cognitive development: Diverse sources of evidence and a theory of inefficient inhibition. Developmental Reivew, 10, 48–71.

Blenner, J.L., & Yingling, C.D.（1993）. Modality specificity of evoked potential augmenting/reducing. Electroencephalography and Clinical Neurophysiology/Evoked Potentials Section, 88（2）, 131–142.

Diamond, A.（1991）. Frontal lobe involvement in cognitive changes during the first year of life. Brain maturation and cognitive development: Comparative and cross–cultural perspectives, 127–180.

Dustman, R.E., Emmerson, R.Y., & Shearer, D.E.（1996）. Life span changes in electrophysiological measures of inhibition. Brain and Cognition, 30（1）, 109–126.

Hakoda, Y., & Sasaki, M.（1990）. Group version of the Stroop and reverse–Stroop test: the effects of reaction mode, order and practice. Kyoiku Shinrigaku Kenkyu（JPN J Educ Psychol）, 38, 389–394.

Hasher, L., & Zacks, R.T.（1988）. Working memory, comprehension, and aging: A review and a new view. Psychology of Learning and Motivation, 22, 193–225.

Hasher, L., Zacks, R.T., & May, C.P.（1999）. Inhibitory control, circadian arousal, and age. In D.K.A. Gopher（Ed.）, Attention and Performance Xvii: Cognitive Regulation of Performance: Interaction of Theory and Application, 17, 653–675.

Kane, M.J., Hasher, L., Stoltzfus, E.R., Zacks, R.T., & Connelly, S.L.（1994）. Inhibitory attentional mechanisms and aging. Psychology and Aging, 9（1）,

103.

Luria, A.R.（1961）. The Role of Speech in the Regulation of Normal and Abnormal Behavior. Pergamon Press，55（3）：145–148.

May, C.P., & Hasher, L.（1998）. Synchrony effects in inhibitory control over thought and action. Journal of Experimental Psychology: Human Perception and Performance, 24, 363–379.

Nunnally, J.C.（1978）.Psychometric Theory: Secon d Edition. New York: McGraw–Hill.

Piaget, J. The construction of reality in the child. New York: Ballantine, 1954.

Reed, M.A., & Pien, D.L., & Rothbart, M.K.（1984）. Inhibitory self–control in preschool children. Merrill–Palmer Quarterly, 131–147.

Sommers, M.S., & Danielson, S.M.（1999）. Inhibitory processes and spoken word recognition in young and older adults: The interaction of lexical competition and semantic context. Psychoglogy and Aging，14, 458–472.

Vygotsky, L.S.（1962）. Thought and Language. Cambridge：MIT Press, MA.

Zacks, R.T., & Hasher, L.（1994）.Directed ignoring: Inhibitory regulation of working memory. In D., Dagenbach & T.H.Carr（Eds.）, Inhibitory mechanisms in attention, memory and language（pp.241–264）.San Diego, CA: Academic Press.

第九章　各行为抑制任务的毕生发展变化

第一节　Stroop/ 逆 Stroop 任务加工的毕生发展

关于 Stroop/ 逆 stroop 任务加工的毕生发展，Matsumoto 等（2012）进行了一项研究。研究中，他们调查了 1945 名人员（7~86 岁）的 Stroop 以及逆 Stroop 任务的完成情况。他们选用的测验是团体 Stroop/ 逆 Stroop 测验。这个测验中共有四个分测验，测验一是逆 Stroop 控制条件测验，测验二是逆 Stroop 条件测验，测验三是 Stroop 控制条件测验，测验四是 Stroop 条件测验（关于测验详见 ADHD 的 Stroop 效应研究部分）。前两个测验需要根据色词的词义进行选择，后两个条件需要根据颜色进行选择。每份测验练习 10 秒种，正式施测 60 秒钟。对每份测验，他们分别计算了回答的正确数，根据各个测验的正确数，计算出了两个干扰率，Stroop 干扰率（SI）=（C3 — C4）/C3，逆 Stroop 干扰率（RI）=（C1 — C2）/C1。公式中的 C1，C2，C3 和 C4 分别代表四个测验中的完成数。各年龄段两干扰率如图 9-1 所示。

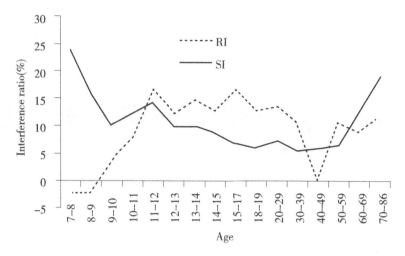

图 9-1 Stroop 干扰与逆 Stroop 干扰的年龄发展

RI: 逆 Stroop 干扰率, SI:Stroop 干扰率。

通过图 9-1 可知：Stroop 干扰在儿童期是最大的，随着年龄的增长逐渐下降，进入老年阶段又开始上升。对于逆 Stroop 干扰来讲，在儿童期是最小的，随着年龄的增长，逐渐升高，之后直到老年，一直比较稳定。

另外，Ikeda，Okuzumi 和 Kokubun（2013）也进行了一项关于 Stroop/ 逆 stroop 任务加工的毕生发展研究。他们共选择了 376 名被试，其中，分 5~6 岁组（23 人）、7~8 岁组（80 人）、9~10 岁组（72 人）、11~12 岁组（98 人）以及成年人组。他们采用了和上面 Matsumoto 等（2012）同样的 Stroop/ 逆 Stroop 任务，结果发现 Stroop 干扰随着年龄的增长有减小的趋势，五个组别的 Stroop 干扰率分别为：5~6 岁组 0.21、7~8 岁组 0.14、9~10 岁组 0.15、11~12 岁组 0.11，以及成年人组 0.07。而逆 stroop 干扰率随着年龄的增长有增加的趋势，五个组别的逆 stroop 干扰率分别为：5~6 岁组 0.02、7~8 岁组 0.02、9~10 岁组 0.04、11~12 岁组 0.12，以及成年人组 0.15。虽然他们的研究结果与 Matsumoto 等（2012）的研究结果不尽一致，但这两项结果说明了 Stroop 干扰与逆 Stroop 干扰的发展趋势是不同的。这也进一步反映了 Stroop 干扰与逆 Stroop 干扰的机制存在差异。

第二节 Navon 任务加工的毕生发展

一、背景简介

在 Navon 提出了复合模式加工的特点之后，越来越多关于复合模式加工的研究出现了。在这其中，许多研究者也开始关注特殊儿童身上复合模式加工的特点。Auyeung 等人就采用了 Navon 任务中选择性注意的整体和局部加工对自闭症患者进行测验，研究表明自闭症患者身上存在局部优势（Auyeung，Baron-Cohen，Wheelwright & Allison，2008）。复合加工模式与 ADHD 患者的相关研究也发现 ADHD 中整体干扰明显性大幅降低（Song & Hakoda，2012）。这些研究都说明，不同人群整体加工与局部加工能力的发展水平存在差异。但关于复合模式加工的发展性研究却不是很多。选取不同年龄段的被试测验其复合模式加工的水平，研究复合模式加工在不同的年龄段的发展水平是否相同或者有何不同，有助于建立不同年龄段整体与局部加工的发展标准，最终为 ASD、ADHD 等发展障碍的诊断提供参考。因此，本研究的主要目的是：研究不同年龄段整体和局部加工的发展水平；分析不同年龄段整体和局部加工水平的差异；研究不同年龄段整体与局部加工过程的相互干扰情况，以及不同年龄段整体与局部加工过程相互干扰的差异情况。

二、研究方法

（一）参加者及测试材料

以健康、正常儿童以及成年人为研究对象。7~8 岁儿童 25 人，其中男 10

人，女 15 人；8~9 岁儿童 52 人，其中男 33 人，女 19 人；9~10 岁儿童 36 人，其中男 19 人，女 17 人；成年人 42 人，其中男 24 人，女 18 人。研究对象共计 155 人，其中男 86 人，女 69 人。

采用选择性注意和分配性注意两种条件的复合数字划消测验对被试的复合模式加工能力进行测试。选择性注意测验部分采用复合数字划消测验（Song & Hakoda, 2012），这项测验是在传统的 Navon 任务的基础上发展而来的（Navon, 1977）。选择性注意测验共包括四个小测验（如图 9-2）：Test1 是由 15×25 个点组成的复合数字（3，5，6，8，9，）；Test2 是局部小数字组成的复合数字（2，3，5，6，8，9），与此同时复合数字 3、6 是由局部小数字 2、5、8、9 组成的，复合数字 2、5、8、9 是由局部小数字 3、6 组成的；Test3 是由 5×5 个小数字（2，3，5，6，8，9）组成的复合矩形；Test4 与 Test2 刺激相同。其中，测验 1 和测验 2 是以整体加工为导向的测验，测验任务均是找出整体数字 3 和 6；测验 3 和测验 4 是以局部加工为导向的测验，测验任务均是找出局部数字 3 和 6。

分配性注意测验采用 CDCT 测验（the Compound Digit Cancellation Test）（Ohashi&Gyoba，2009）。该测验中的刺激是由分层次的复合数字模式组成的，如一个整体数字是由一组局部小数字组成的。该测验是用来评估整体和局部信息加工的过程，以及它们之间存在的相互干扰。分配性注意测验共包括五个小测验。每个测验都是由复合数字组成，每个复合数字都是由局部小数字按照 5×5 的排列方式组成（详见 ADHD 分配性 Navon 效应研究部分）。同时要求每个整体数字与组成它的局部小数字是不一样的，如复合数字 3 是由局部小数字 8 组成的。另外，CDCT 测验的设计是按照以下方式进行的：目标刺激、非目标刺激、整体导向和局部导向删除的情况是随机排列的且出现的概率相等，同时，连续的删除刺激与非连续的删除刺激出现的可能性也相等。

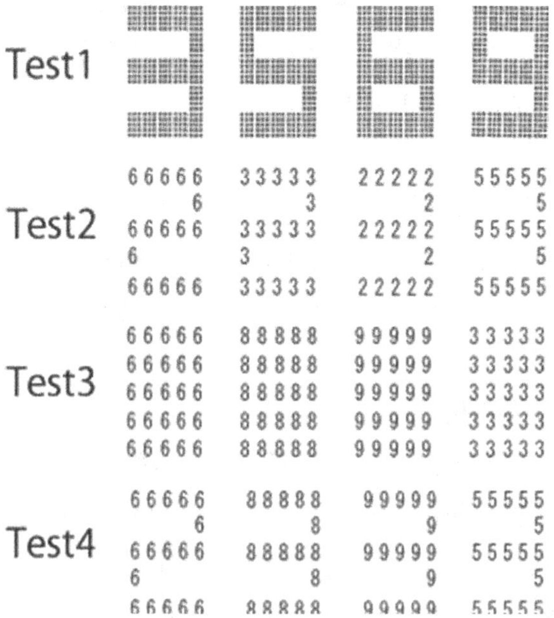

Test1 3569

Test2
66666 33333 22222 55555
    6   3   2   5
66666 33333 22222 55555
6   3   2   5
66666 33333 22222 55555

Test3
66666 88888 99999 33333
66666 88888 99999 33333
66666 88888 99999 33333
66666 88888 99999 33333
66666 88888 99999 33333

Test4
66666 88888 99999 55555
    6   8   9   5
66666 88888 99999 55555
6   8   9   5
66666 88888 99999 55555

图 9-2　选择性注意测验

　　每份测验（即每页纸）时间均为 30 秒。第一部分的选择性注意测验，主试将按照四个测验顺序在每份测验开始前给予指导语并作出示范。课题一的指导语：请用斜线划出整体显示 3、6 的数字；课题二的指导语：请用斜线划出整体显示 3、6 的数字；课题三的指导语：请用斜线划出局部显示 3、6 的数字组块；课题四的指导语：请用斜线划出局部显示 3、6 的数字。第二部分的分配性注意测验，主试将按照五个测验顺序在每份测验开始前给予指导语并作出示范。每份的指导语均相同：请用斜线划出整体显示 3、6 的数字，同时划出局部显示 3、6 的数字。

（二）统计方法

1. 选择性注意测验

　　使用 Excel 表格分别统计出四个测验中以下六个方面的数据：无干扰情况

下，整体数字的正确完成、局部数字的正确完成数；有干扰情况下，整体数字的正确完成、局部数字的正确完成数；局部对整体信息加工的干扰率、整体对局部信息加工的干扰率。局部对整体信息加工的干扰 = （CR1 — CR3）/ CR1；整体对局部信息加工的干扰 = （CR2 — CR4）/CR2（CR 为各刺激中的正确回答数）。

使用 SPSS17.0 对数据进行描述性的统计分析。分别对四个年龄组有、无干扰情况下不同信息加工类型进行 4×2 混合实验设计的方差分析；对组别主效应显著、组别和信息类型交互作用显著的数据进行简单效应检验和 Ryan's method 多重比较。

2. 分配性注意测验

使用 Excel 表格统计出五个测验的平均整体数字的正确完成数、平均局部数字的正确完成数。使用 SPSS17.0 对数据进行描述性的统计分析；对四个年龄组不同注意条件进行 4×2 混合实验设计的方差分析；对四个年龄组不同注意转换条件进行 4×2 混合实验设计的方差分析；对组别主效应显著、交互作用显著的数据进行简单效应检验和 Ryan's method 多重比较。

三、结果

（一）选择性注意测验

对四个年龄组 Test1、Test3 的正确完成数以及 Test2、Test4 的正确完成数进行了描述性统计，结果如图 9–3 所示。对四个年龄组 Test1、Test3 的正确完成数进行 2 因素混合实验设计的方差分析，结果表明：组别的主效应极显著，$F(3, 151) = 62.69$，$p<0.01$；测试类型（信息类型）的主效应极显著，$F(1, 151) = 113.10$，$p<0.01$；交互作用极显著，$F(3, 151) = 21.32$，$p<0.01$。对四个年龄组 Test2、Test4 的正确完成数进行 2 因素混合实验设计的方差分析，结果表明：组别的主效应极显著，$F(3, 151) = 57.12$，$p<0.01$；测试类型（信

息类型）的主效应极显著，$F_{(1, 151)} = 316.19$，$p < 0.01$；交互作用显著，$F_{(3, 151)} = 5.30$，$p < 0.05$。

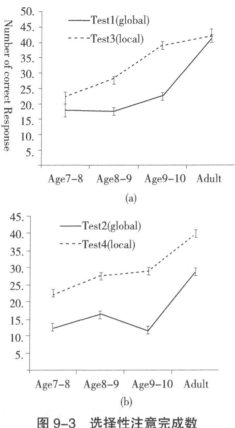

图 9-3　选择性注意完成数

（a）Test1、Test3；（b）Test2、Test4

　　由图 9-3 可知，不管在有无干扰的情况下，被试对局部的加工水平均高于对整体的加工水平（误差棒代表标准误）。

（二）分配性注意测验

　　对四个年龄组整体信息加工的正确完成数的平均数（global）、局部信息加工的正确完成数的平均数（local）进行了描述性统计，结果如图 9-4 所示。对四个年龄组整体信息加工的正确完成数的平均数（global）、局部信息加工的正确完成数的平均数（local）进行2因素混合实验设计的方差分析，结果表明：组别的主效应极显著，$F(3, 151) = 64.19$，$p<0.01$；信息加工方式（信息类型）的主效应极显著，$F(1, 151) = 123.08$，$p<0.01$；交互作用显著，$F(3, 151) = 2.38$，$p=0.07$。

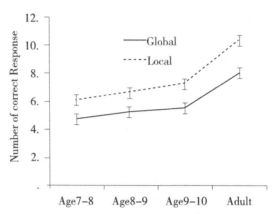

图9-4　分配性注意—正确完成数的平均数

从图9-4可知，在分配性注意的情况下，个体对局部的加工水平要高于对整体的加工水平（误差棒代表标准误）。

四、讨论

通过分析可知被试对整体加工与局部信息加工的成绩均随着年龄的增长而逐渐提高，而且不论是分配性注意条件还是选择性注意条件下，不同年龄对局部信息加工的水平都比对整体信息的加工要高。下面重点来分析一选择性注意条件下 Navon 任务加工的发展特点。

在选择性注意的条件下，不同年龄段整体加工水平与局部加工水平的差异不同。对于无干扰条件而言，9~10 岁期间的差异尤为显著；7~8 岁儿童阶段以及成年后，个体整体加工水平与局部加工水平基本持平。所以，两者的发展水平差异最初较小，随着年龄增长逐渐增大，其中局部水平加工发展较高，到成年后两者水平差异又不显著。另外，整体信息测验上，

7~8 岁儿童与 8~9 岁儿童的整体加工水平差异不显著；7~8 岁儿童与 9~10 岁儿童的加工水平差异不显著。局部信息测验上，9~10 岁儿童与成年人局部加工水平差异不显著。这很可能表明，10 岁时个体的局部加工水平已经达到成年人水平。当局部对整体存在干扰时，7~8 岁儿童组与 9~10 岁儿童组的整体加工水平不存在显著差异。这种情况并不一定代表 9~10 岁儿童组的整体加工水平没有发展，而是在此年龄阶段，局部对整体的干扰比较明显，致使此年龄阶段儿童整体加工水平的成绩不佳。

整体对局部存在干扰时，8~9 岁儿童组与 9~10 岁儿童组的局部加工水平不存在显著差异。这种情况跟上述情况类似。不存在干扰时，9~10 岁儿童组与 8~9 岁儿童组的局部加工水平存在显著差异，9~10 岁儿童组的局部加工水平更好一些。但是当存在整体对局部的干扰时，这两个年龄组的局部加工水平却不存在显著差异了，这说明 9~10 岁儿童组相比于 8~9 岁儿童组更容易受到整体信息的干扰。所以从以上两点综合来看，9~10 岁儿童组对于整体或者局部的干扰都非常敏感。这是他们复合加工模式发展的一个特点。

总体看来，本实验中出现与 Navon 实验相悖的结果，即选择性注意有干扰的条件下以及分配性注意条件下局部加工水平都要高于整体加工水平。究其原因，可能是实验材料的不同：Navon 采用的是计算机，本实验采用纸质版测验；也可能是被试的视角问题，被试的视角不同可能导致关注局部特征而忽略了整体特征。一些心理学家后续的研究表明总体优先效应的大小乃至存在是依赖于一定因素的，其中最重要的是刺激视角对比的高低，视角对比的降低也会影响整体优势效应和整体干扰效应成绩的降低。

第三节　Garner 任务加工的毕生发展

关于 Garner 任务毕生发展，Baudouin 等人（2008）进行了一项研究。在研究中，他们选用的研究对象分为 6~8 岁、9~11 岁以及成人三个类型。测试的材料是四张彩色的面孔图片。这些面孔图片是两个成年男性，他们会表现出高兴或悲伤两种情绪。Garner 任务分为两个环节，需要根据人物信息（这个人是 A 还是 B）进行判断，另外一个环节需要根据情绪信息进行判断（是开心还是悲伤）。在判断时，当一个表情／人物出现的时候，他们需要按 J 键，当另一个表情／人物出现的时候，他们需要按 F 键。每个环节都可以分为三种条件，即相关条件、恒定条件以及随机条件。在相关条件中，参加者会观察两张照片，这两张照片表达的情绪是一定的（e.g., Person A smiling and Person B sad vs. Person A sad and Person B smiling）。

在恒定条件下，两个人都表达开心或悲伤的情绪。在人物判断的环节中，半数参加者接受开心刺激，剩下半数参加者接受悲伤刺激。在表情判断的环节中，半数参加者接受人物 A 表达不同情绪，另外半数参加者接受人物 B 表达不同情绪。在随机条件中，参加者会看到两个人物，他们表达什么样的情绪是不一定的。

实验正式开始之前先进行练习，保证每个人都理解实验要求。正式实验时，屏幕上会出现 1s 的注视点。然后会出现面孔图片，在个体判断之后图片会消失，进入下一个试次。根据拉丁方设计改变人物判断和表情判断的施测次序。

对参与实验的三个年龄段的人员在两个环节三种条件下的实验数据进行了统计，实验结果如图 9-5 所示。通过此图，我们可以得到两点结论：第一，随着年龄的增长，个体对面孔图片的判断速度越来越快；第二，在人物判断时来自表情信息的干扰变得越来越微弱，进入成年后逐渐消失。表情信息对人物信息加工的干扰，对于儿童来讲是比较大的，而且越是小的儿童越表现明显。而在表情判断时，来自人物信息的干扰却变化不大。该研究说明，我们的面孔认知能力的发展可以依赖于我们对来自表情信息的有效抑制。

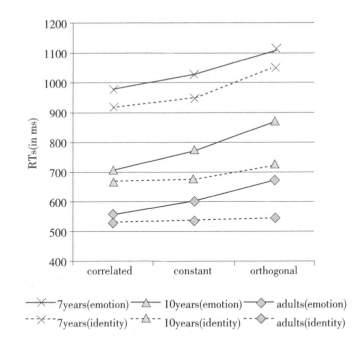

图 9-5　不同任务、条件以及年龄的干扰率

第四节　WCST 任务加工的毕生发展

个体在 WCST 任务中表现比较差可能预示着他们大脑前额叶的功能存在一定缺陷。Chelune 和 Baer（1986）为了得到个体在 WCST 任务上的常模，他们选择了 105 名从 1 年级到 6 年级的学生进行了 WCST 测试。结果发现，随着年龄的增长，学生在 WCST 任务中完成的类别数也在增加，且在此任务中犯的刻板性错误在减少。具体的分析发现，当学生在 6、7 岁左右的时候，他们在 WCST 任务上的操作成绩明显得到了改善；在 8~10 岁期间，个体在此任务上的表现也有较小的进步。但是个体进入 10 岁时，他们在此任务上的完成类别数与成人在此任务上的完成类别数没有显著性差异，而刻板性错误在 12 岁之后才有所减少。

Rosselli 和 Ardila（1993）测试了 233 名 5~12 岁儿童在 WCST 任务上的成绩。

结果发现，儿童在 9~11 岁之前，他们在该测验上的成绩是很差的。而不同经济状况家庭的儿童以及不同性别儿童在该测验上的成绩无显著性差异。另外，Paniak，Miller，Murphy 和 Patterson（1996）采用 WCST 测验测试了 685 名 9~14 名儿童的认知灵活性。结果表明，儿童在 WCST 测验上的成绩随着年龄的增长而逐渐改善，但 14 岁的时候他们的 WCST 成绩仍然没有达到成人的水平。

参考文献

Auyeung, S. B. Wheelwright,S., & Allison, C.（2008）. The Autism Spectrum Quotient: Children's Version（AQ-Child）. Autism Research Center, University of Cambridge, UK.

Baudouin, J.Y., Durand, K., & Gallay, M.（2008）. Selective attention to facial identity and emotion in children. Visual Cognition, 16（7），933-952.

Chelune, G.J., & Baer, R.A.（1986）. Developmental norms for the Wisconsin Card Sorting test. Journal of Clinical and Experimental Neuropsychology, 8（3），219-228.

Ikeda, Y., Okuzumi, H., & Kokubun, M.（2013）. Stroop/reverse-Stroop interference in typical development and its relation to symptoms of ADHD. Research in Developmental Disabilities, 34（8），2391-2398.

Matsumoto, A., Hakoda, Y., & Watanabe, M.（2012）. Life-span development of stroop and reverse-Stroop interference measured using matching responses.The Japanese Journal of Psychology, 83, 337-346.

Ohashi, T., & Gyoba, J.（2009）. Compound Digit Cancellation Test（CDCT）. Fukuoka, Japan: Toyo Physical Press.

Paniak,C.,Miller,H.B.,Murphy,D.,& Patterson, L.（1996）. Canadian developmental norms for 9 to 14 year-olds on The Wisconsin Card Sorting Test. Canadian

Journal of Rehabilitation.

Rosselli, M., & Ardila, A. （1993）. Developmental norms for the Wisconsin Card Sorting Test in 5-to 12-year-old children. the Clinical Neuropsychologist, 7(2), 145–154.

Song, Y., & Hakoda, Y. （2012）. The interference of local over global information processing in children with attention deficit hyperactivity disorder of the inattentive type. Brain and Development, 34 （4）, 308–317.

第十章　行为抑制训练及展望

第一节　行为抑制功能的训练

　　相对于其他脑区，额叶最晚发育成熟，但随着年龄的增长却衰退得更快（Raz，2004）。抑制衰退理论认为，抑制（额叶）能力随年龄衰退是引起个体工作记忆衰退的主要原因，而工作记忆的衰退又会对日常认知功能（记忆、推理、视觉空间能力）造成重大影响。Dempster（1992）也提出了类似的观点，认为行为抑制和额叶高度相关，额叶的病变导致个体抑制能力的下降，进而影响被试在其他高级认知功能任务（如 WCST 等）上的发挥。Dempster 认为和正常成人相比儿童及老年人均表现出额叶功能缺陷。如果认知发展及年老化主要源于行为抑制的不足，并且儿童及老年人的行为抑制存在可塑性，那么针对该能力的认知干预就可能达到提高其他高级认知功能的目的。

一、儿童及年轻人的行为抑制训练

　　除上述研究外，还有一些行为抑制的训练研究是针对儿童进行的。Rueda，Rothbart，McCandliss，Saccomanno 和 Posner（2005）进行了一项针对儿童的持续 5 天的注意训练。研究中的被试包括 4 岁和 6 岁的儿童。9 个训练任务中有 Stroop 任务、Go-no go 任务以及迁移任务（类似 Flanker 的任务）。结果发现训练后的儿童在 Flanker 任务上的表现（39ms）和成年人更为接近（30ms）。训练还提高了儿童在液态智力测验某个分测验上的成绩。

除了认知训练以外，有研究发现行为抑制也可以通过锻炼身体或冥想的方式来得以提高。通过老年人 10 个月的锻炼，Smiley-Oyen，Lowry，Francois，Kohut 和 Ekkekakis（2008）发现他们在 Stroop 任务上的表现有明显提高，但在同样涉及抑制成分的 WCST 任务上没有发现有所提高。这可能是由于身体锻炼对需要快速反应的任务更敏感的缘故。Tang 等（2007）以大学生为被试，进行了每天 20 分钟持续 5 天的身心冥想训练（integrative body-mind training，IBMT），发现被试在类似 Flanker 任务上的成绩得到提高，同时在瑞文测验上的表现也有提高。在另一项研究中，年轻人经过了 11 个小时的身心冥想训练，fMRI 探测表明放射冠区域（corona radiata）的各向异性（fractional anisotropy，FA）活动增加，而该区域连接扣带回区域和其他脑区，各向异性增加表明其连接的效率提高了，这种提高和行为抑制的效率有关（Tang et al.，2010）。

二、老年人的行为抑制训练

目前针对行为抑制训练的研究较少，仅有少量的研究发现行为抑制的认知可塑性和神经可塑性。Dulaney 和 Rogers（1994）使用 Stroop 任务进行了行为抑制的训练研究。在年轻人和老年人身上他们都发现了训练效应，同时通过训练的两组被试提高的程度基本一致，但笔者认为造成两组被试出现训练效应的认知机制并不一样。研究表明年轻人可能是成功地抑制了对词汇阅读的优势反应，而老年人成绩提高并非源于改变已经形成的自动反应，而是对颜色命名或视觉扫描的熟练。Davidson，Zacks 和 Williams（2003）同样以 Stroop 任务同时训练了年轻人和老年人的抑制能力。经过训练之后，两组被试的抑制能力均有所改善，但 Stroop 效应依然存在。结果表明老年人从训练中的获益比年轻人要高，反应时减少得更多。

最近 Wilkinson 和 Yang（2011）的研究也以 Stroop 任务训练了老年人的抑制能力，并采用了不同的任务材料。研究结果表明在不同的任务材料下 Stroop 任务都存在训练效应，笔者认为这说明了被试能力的提高是一种一般性抑制能力。此外，该研究没有发现对 Go-no go 任务的近迁移效应，Wilkinson 和 Yang 认为这可能出于以下两点原因：（1）Go-no go 任务主要测量抑制优势反应，属于一种压抑任务，而 Stroop 任务可能更多涉及了通达（access）成分；（2）已经发现近迁移效应的研究中所使用的近迁移任务基本上都是变换了任务材料的训练任务，而没有发现近迁移效应的研究基本上都是用了不同的任务作为近迁移任务。

总之，目前已有的抑制训练研究表明行为抑制在一定程度上是可塑的，无论是认知可塑性还是神经可塑性。但目前的行为抑制训练主要集中在抑制优势反应能力的训练上，对其他抑制能力的训练较少涉及。此外在训练的效果上，目前针对老年人的训练研究较少发现迁移效应，而针对儿童和年轻人的训练研究则发现得多一些。这可能是由于与儿童和年轻人相比，老年人的认知可塑性和神经可塑性都更差一些。

第二节　行为抑制研究的问题及未来展望

本书系统地介绍了行为研究的主要成果，具体包括行为抑制的基本理论、行为抑制的病理学研究以及行为抑制的毕生发展、训练与展望等。时至今日，行为抑制仍然是心理学研究领域的一个热点问题。然而，行为抑制研究至今，仍有许多问题尚待解决，笔者在此列举其中两个问题。

一、不同行为抑制任务所测的是同一种能力还是不同能力

我们将行为抑制分为三块，即对优势反应的抑制、反应停止以及干扰控制。测试抑制能力的三个方面分别需要采用不同的测验。如对优势反应的抑制进

行测验时，需要采用诸如 Simon 任务、WCST 任务、Go-no go 任务、负启动任务；对反应停止需要采用 Stop-signal 任务；对干扰控制需要采用 Stroop/ 逆 Stroop 任务、Navon 任务、Flanker 任务以及 Garner 任务等。

如果某个人在某一项干扰控制任务上表现出障碍，是否意味着在其他的干扰控制任务上也存在障碍？我们能否通过个体在一项干扰任务上的表现来预测其在另一项干扰任务上的表现？例如，某个人在 Stroop 干扰任务上表现出障碍，是否意味着其在逆 Stroop 干扰任务上也存在障碍？我们能否通过个体在一项干扰任务上的表现来预测其在另一项干扰任务上的表现？这就涉及 Stroop 干扰与逆 Stroop 干扰的加工机制问题。而 Stroop 干扰与逆 Stroop 干扰的加工机制是相同的吗？两种干扰的脑机制之间有什么关系？对于这些问题我们尚且没有明确的答案。对于 Stroop/ 逆 Stroop 任务与其他干扰抑制任务之间的关系问题，我们同样没有深入进行研究。

以上问题涉及不同干扰控制任务的加工机制。在采用不同干扰任务研究干扰控制时，有一个不可回避的问题，就是这些干扰控制任务测量到的能力，是领域特殊性的（domain specific）还是领域一般性的（domain general）？这些不同的任务测验出来的能力是属于任务依赖型（task-independent）能力，还是任务独立型（task-dependent）能力？即这些任务所测得的能力是否具有相同的机制，至今还没有统一的答案。

二、如何采用不同的行为抑制任务来区分不同类型的障碍

在临床上，我们需要采用适应的工具将不同的障碍进行区分，而许多发展障碍表现出来的认知症状往往具有很大的重叠性。如根据 DSM-V（APA，2013），我们知道 ADHD 是在脑功能不全的基础上产生的以注意缺陷、冲动性、多动性等诸多症状为特征的发展障碍，而自闭症（Autism Spectrum Disorder，ASD）是以脑功能不全为基础的对人关系、意思传达、活动以及兴趣等方面都存在损坏的一种障碍。也就是说，这两种障碍是不同的两种障碍。但是，

近年来很多研究发现两种障碍之间具有很大的相似性。如 Clark 和 Feehan（1999）采用自闭症量表对 ADHD 儿童进行了调查，结果发现有 65%~80%的 ADHD 儿童也存在社会性交流不足的障碍。另外，也有研究指出自闭症儿童同样存在与 ADHD 儿童相似的注意障碍（Kasari, Freeman, & Paparella, 2006）。神经学的研究也发现，大脑前额皮层的机能不全是 ADHD 和自闭症共同的症状（e.g., Faraone & Biederman, 1998; Bailey & Rutter, 1996）。两种障碍都表现出了执行功能的问题（e.g., Sergeant, Geurts, & Oosterlaan, 2002; Bishop, 1993）。

从以上研究可知，ADHD 和自闭症有一些症状是共同的。这样就给诊断造成了很大困难，如何采用有效的认知工具，特别是行为抑制的工具来对不同发展障碍进行区分，绘制他们各个群体独特的行为抑制图谱，就成为未来的一个重要课题。

参考文献

American Psychiatric Association. （2013）. Diagnostic and statistical manual of mental disorders （5th ed.）. Washington, DC: Author.

Arbuckle, T.Y., & Gold, D.P. （1993）. Aging, inhibition, and verbosity. Journal of Gerontology: Psychological Sciences, 48, 225–232.

Bailey. A., Phillips, W., Rutter, M. （1996）.Autism: towards an integration of clinical, genetic, neuropsychological, and neurobiological perspectives. Journal of Child Psychology and Psychiatry, 37（1）, 89–126.

Bishop, D.V.M.（1993）. Annotation: Autism, executive functions and theory of mind: A neuropsychological perspective. Journal of Child Psychology and Psychiatry, 34（3）, 279–293.

Davidson, D.J., Zacks, R.T., & Williams, C.C.（2003）.Stroop interference, practice, andaging.Aging Neuropsychology and Cognition, 10（2）, 85–98.

Dulaney, C.L., & Rogers, W.A. (1994). Mechanisms underlying reduction in Stroop interference with practice for young and old adults. Journal of Experimental Psychology: Learning, Memory, and Cognition, 20 (2), 470–484.

Dempster, F.N. (1992). The rise and fall of the inhibitory mechanism toward a unfiied theory of cognitive development and aging. Developmental Review, 12 (1), 45–75.

Faraone, S.V., & Biederman, J. (1998). Neurobiology of attention–deficit hyperactivity disorder. Biological Psychiatry, 44, 951–958.

Hasher, L., Zacks, R.T., & May, C.P. (1999). Inhibitory control, circadian arousal, and age. In D.K.A. Gopher (Ed.), Attention and Performance Xvii: Cognitive Regulation of Performance: Interaction of Theor and Application, 17, 653–675.

Hakoda, Y., & Sasaki, M. (1990). Group version of the Stroop and reverse–Stroop test: the effects of reaction mode, order and practice. Kyoiku shinrigaku kenkyu (Educ Psychol Res), 38, 389–394.

Kasari, C., Freeman, S., Paparella, T. (2006). Joint attention and symbolic play in young children with autism: a randomized controlled intervention study. Journal of child psychology and psychiatry, and allied disciplines, 47 (6): 611–620.

May, C.P., & Hasher, L. (1998). Synchrony effects in inhibitory control over thought and action. Journal of Experimental Psychology: Human Perception and Performance, 24, 363–379.

Raz, N. (2004). The aging brain: Structural changes and their implications for cognitive aging. New Frontiers in Cognitive Aging, 115–133.

Rueda, M.R., Rothbart, M.K., McCandliss, B.D., Saccomanno, L., & Posner, M.I. (2005). Training, maturation, and genetic influences on the development of executive attention. Proceedings of the National Academy of Sciences of the

United States of America, 102（41）, 14931–14936.

Sergeant, J.A., Geurts, H., & Oosterlaan, J. （2002）. How specific is a deficit of executive functioning for Attention–Deficit/Hyperactivity Disorder? Behavioral Brain Research, 130, 3–28.

Smiley–Oyen, A.L., Lowry, K.A., Francois, S.J., Kohut, M.L., & Ekkekakis, P. （2008）. Exercise, fitness, and neurocognitive function in older adults: The "Selective Improvement" and "Cardiovascular Fitness" hypotheses. Annals of Behavioral Medicine, 36（3）, 280–291.

Sommers, M.S., Danielson, S.M. （1999）. Inhibitory processes and spoken word recognition in young and older adults: The interaction of lexical competition and semantic context. Psychoglogy and Aging. 14, 458–472.

Tang, Y.Y., Yinghua, W., Wang, J., Yaxin, F., Feng, S., Lu, Q. et al （2007）. Short term meditation training improves attention and self–regulation. Proceedings of National Academy of Sciences, 104（43）, 17152–17156.

Tang, Y.Y., Lu, Q., Geng, X., Stein, E.A., Yang, Y., & Posner, M.I. （2010）. Short–term meditation induces white matter changes in the anterior cingulate. Proceedings of the National Academy of Sciences, 107（35）, 15649–15652.

Wilkinson, A.J., & Yang, L. （2011）. Plasticity of inhibition in older adults: Retest practice and transfer effects. Psychology and Aging. Advance online publication.

West, R.L （1996）. An application of prefrontal cortex function theory to cognitive aging. Psychological Bulletin, 120, 272–292.

Zacks, R.T., & Hasher, L. （1997）. Cognitive gerontology and attentional inhibition: A reply to Burke and McDowd. Journal of Gerontology:Psychological Sciences, 52, 274–283.

Zacks, R.T., & Hasher, L. （1994）.Directed ignoring: Inhibitory regulation of working memory. In D., Dagenbach & T.H.Carr（Eds.）, Inhibitory mechanisms in attention, memory and language. San Diego, CA: Academic Press.